新版
よくわかる
星空案内

Guide to The Night Sky

木村直人

誠文堂新光社

CONTENTS

はじめに …………… 4

星空を見る前に ── 星空を見るときに注意すること …………… 5
星空を見る前に ── 星を見るときの方位と星のスケール …………… 8
星空を見る前に ── 月と惑星について …………… 10

星座とは

全天88星座になるまで …………… 14
東洋の星座 …………… 15
誕生日の星座 …………… 16
誕生日の星座の見つけ方 …………… 18
うお座・おひつじ座／おうし座・ふたご座／かに座・しし座／おとめ座・てんびん座／
さそり座・いて座／やぎ座・みずがめ座

星座のつなぎ方 …………… 30

春の星空

春の星座の見つけ方 …………… 32
意外とたどりにくい「春の大曲線」 …………… 36
おおぐま座とこぐま座 星空の下で星座の姿を想像する …………… 42
そのほかの春の星座 …………… 48
かに座、しし座、ケンタウルス座、おおかみ座、かんむり座、かみのけ座、コップ座、ろくぶんぎ座

夏の星空

夏の星座の見つけ方 …………… 54
七夕の星と天の川から宇宙をイメージする …………… 58
『銀河鉄道の夜』の世界を想像しながら夏の星座をたどっていこう …………… 64
そのほかの夏の星座 …………… 70
いて座、へびつかい座、へび座、ヘルクルス座、りゅう座、いるか座、や座、はくちょう座

秋の星空

秋の星座の見つけ方 …………… 78
ギリシア神話のエチオピア王家の星座たち …………… 82
そのほかの秋の星座 …………… 90
みずがめ座、みなみのうお座、やぎ座、つる座、ほうおう座

誰にでも身近な天体「月」…………… 94

冬の星空

冬の星座の見つけ方 …………… 100
おうし座とプレヤデス星団「すばる」から冬の星ぼしへ …………… 104
オリオン座でみる 星の誕生と死 …………… 108
そのほかの冬の星座 …………… 114
おおいぬ座、こいぬ座、うさぎ座、はと座、エリダヌス座

そのほかの星

惑星 …………… 120
流星群 …………… 122
彗星 …………… 126

おわりに …………… 127

はじめに

　初めて社会に出て仕事をするとき、偶然にも東京・渋谷にあった「五島プラネタリウム」の解説員の職を得ました。それ以来、星の話をする仕事を続けており、現在はエアドームのプラネタリウムを持って、全国いろいろなところをまわっています。

　訪れた会場の参加者にいろいろなことをたずねます。「ご自宅から星を見たことありますか？」「七夕の星を見たことありますか？」なんて…、プラネタリウムの世界への導入です。そんな話の中から驚くべきことに気が付きました。星がまたたいて輝くことを子どもたちが知らないのです。小学校4年生に聞くと、地域を問わず、ほぼ6割の子が星の瞬きを知らないのです。「星はキラキラ光るっていうでしょ」というと、「そうなんだ」という返事です。夜空を見上げることが「特別なこと」になっています。元来は、生活の中で今日の天気を気にして空を見上げるように、夜空を見上げることもごく日常的なことだったはずです。

　現代においても、自然に親しむことを好む人は多いと思います。星空はごく身近な自然そのものです。住んでいる地域で、満天の星を見ることはできないかもしれませんが、現実に見える星空を楽しめたら、それはきっとすばらしい時間になるはずです。

　本書は、プラネタリウムで紹介するような星座の探し方をまとめたものです。街中からでも星を探せるよう留意したつもりです。この本をきっかけに、ご家族や仲間で星座さがしの旅に出てもらえたら、嬉しいですね。もし、星を結び付けて星座の姿が想像できれば、夜空の見え方が一変することでしょう。その楽しさを多くの人と共有できることを願っています。

　本書は「月刊 天文ガイド」に掲載された連載をまとめ、2014年に刊行した書籍「プラネタリウム解説者に教わる よくわかる星空案内」に、改編・加筆したものです。

木村直人

星空を見る前に —— 星空を見るときに注意すること

観察場所について

「どこに行けばよく星が見えますか」という質問を頻繁に受けます。星は場所を選んで出るわけではないので、正直星を見るのであれば、どこでも見えるのです。ふだん暮らしている場所からでも星はそれなりに見えます。家族で楽しむのなら、部屋の灯りをすべて消して、自宅の窓やベランダから星空を観察するのもよいでしょう。

ただ、暗い星や天の川を見たいと思うのであれば、街灯などの灯りが視界に入らず、なるべく広い星空が見える場所で星を楽しむことをおすすめします。近くの開けた公園や河川敷、遠出できるなら空気の澄んだ高原などがベストです。そして、もっと大事なことは、よく晴れた夜に星空を見ることです。

場所選びで注意すべきことがいくつかあります。星空の観察は夜間になりますので、安全を確保することが最優先です。危険な要因としては、車の進入、不審者、さらには池・崖などの地理的な問題なども考えられます。子どもを集めて星空を観察する場合には、安全管理にはとくに配慮が必要です。また、観察場所への移動時にも充分に注意をするようにしましょう（移動中の交通事故などの話をときどき耳にします）。

ふだんから星空に親しんでいると、夜空が暗い、星がよく見える場所で星空を眺めると、星数の違いが実感でき、その感動も増すことでしょう。

星空観察の服装など

四季を問わず夜間は案外冷えるものです。とくに春と秋の高原は想像以上に寒いと思ってください。寒さ対策として上着を1枚、用意しておきましょう。とくに冬の場合、寒さ対策のポイントは靴にあります。観察前に乾いた厚手の靴下に履き替えましょう。また、靴底にカイロを敷けるゆとりあるサイズの防寒ブーツがあれば完璧です。服装は防寒性能が高いインナーや羽毛服などいろいろあるので工夫してみてください。手袋やマフラーなども必須です。屋外で寝転がる場合にはグランドシートのほか、段ボールを敷くとクッション性もあり、地面からの冷え防止にも有効です。寝袋に入ってしまうのも一つの方法です。

夏季は虫よけ対策として肌の露出を減らす服装や、虫よけスプレーの使用をおすすめします。汗をたくさんかきますので水分補給の飲料やタオルなども用意しましょう。

星空観察に便利な道具

星座早見盤

　星座を探すのにもっとも重宝するのが星座早見盤です。いつ、どの時刻に、どんな星座が、どの方向に見えるかがわかります。まず、使い方をしっかり覚えておきましょう。

　星座早見盤で注意することは、早見盤上の星は「北天が縮まり、南が伸びる」という歪みがあることです。はじめは星と星の相対的な距離がわかりやすい星図も併用するとよいでしょう。たとえば星と星の間隔が、握りこぶし1個分なのか、3個分なのかがわかっていれば、グッと星座を探しやすくなります（p.9参照）。慣れてくれば星座早見盤から星座を形づくる星を実際の夜空で見つけることも容易になります。

　さらに双眼鏡や天体望遠鏡を使って星空観察をする際にも星図があると便利です。星図には、星の明るさや種類が記載され詳しい星の並びもわかるので、星の地図帳のような役割をします。

懐中電灯

　実際に星空を観察するときには、星図や星座早見盤を手掛かりに探すので、それを照らす懐中電灯は必需品です。LED式で小型のものが便利です。ただし、そのまま使うと暗さに慣れた目には眩しすぎるため、減光しなくてはいけません。一番簡単なのは、懐中電灯の先端をハンカチなどで包んで、輪ゴムで止めてしまう方法です。布の重ね具合で、減光の微調整もできます。さらに首から下げられるようにひもを付けておくと便利です。

　また、星を示して星空案内をするときなど、プラネタリウムのポインターのような使い方もできます。この場合には、高輝度でズームできるものだと光束を細くでき、ピンポイントで星を示せるので、プラネタリウム解説者の気分を味わえます。ただし、近くで観察や写真撮影をしている人に光を当てたりして迷惑をかけないよう、あらかじめライトを点灯させる旨を伝えるなど、充分注意しましょう。

夏の服装

夜は案外冷え込みます。虫除けも含めて、長袖と長ズボン着用しましょう。虫除けスプレーも忘れずに。

冬の服装

フリースのうえに厚手のジャケット、さらにマフラーや手袋などもあれば安心です。

星座早見

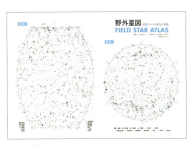

野外星図

ヘッドランプ

先端をハンカチで包んだ懐中電灯

星空を見る前に──**星を見るときの方位と星のスケール**

方位のチェック

　観察場所を決めるとき、まず方位を知ることが大切です。とくに低い空に見える星などを観察する場合には、その方向に障害になる物がなく、その星が見通せるかどうかがポイントです。方位磁石、あるいはスマートフォンのアプリを活用するのが便利です。また、北極星の位置からも方位が確かめられますね。もし、北極星が見えない場合には、遠くの山や建物などを目標にして、方位を確認しましょう。方位の把握ができていると、次の機会に星を探し出すのが楽になります。また、星が真南に来る時を南中（正中）といい、このときがいちばん高く見えます。星を探す際にしばしば使う言葉です。

星座のスケール感

　星座を探すときに一番わかりにくいのが星と星の距離感です。ここでいう距離とは星と星が離れている角度（離角）のことです。たとえば地平線から10°の高さというと、とても低いというイメージを持ちます。実際には腕をいっぱい伸ばした状態で握りこぶしの大きさ程度の高さですから、そう低くはありません。満月はとても大きく見えますが、実際には1°の約半分0°.5しかありません。星と星の距離や星座の大きさは、満月の何倍とか握りこぶし何個分などと具体的にチェックしておくと星を見つけやすくなります。

星の光の3つの特徴

　まずは星の明るさの違いです。星には1等星、2等星などという明るさの指標があります。肉眼で見えるもっとも暗い星は6等星で、望遠鏡を使えばさらに暗い8等、9等と続きます。逆に1等より明るければ0等、マイナス1等と続きます。ちなみに満月はマイナス13等、太陽がマイナス27等です。星座早見盤にもその明るさが示してありますから、実際の星と見くらべれば、その認識はむずかしくはないでしょう。

　2つ目は星の色です。この季節に南に見える赤い星といえば…という具合に、色は星の表情そのものです。ただ、光量が少ないと人の眼では色が感じにくくなってしまうので、はっきり色がわかるのは明るい星に限られてしま

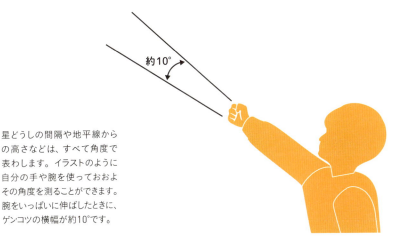

星どうしの間隔や地平線からの高さなどは、すべて角度で表わします。イラストのように自分の手や腕を使っておおよその角度を測ることができます。腕をいっぱいに伸ばしたときに、ゲンコツの横幅が約10°です。

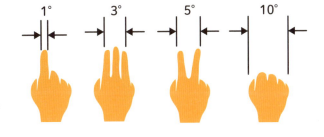

人指し指1本で約1°、指3本で約3°、指をVサインにすると約5°、ゲンコツの横幅で約10°となります。

います。また、色の感じ方には個人差があり、同じ星なのに微妙に色の感じ方が違うことに気付くことでしょう。大事なことは、星により色の違いがあることに気付くことです。

　3つ目の特徴は、光がキラキラとまたたくことです。しばしば小学生に星の話をする機会があるのですが、驚くべきことに半分以上の児童は星がまたたくこと、キラキラ星の意味を知りません。このまたたきの原因は上空の気流にあります。とくに日本列島の上空にはジェット気流が激しく流れているので、星がよくまたたき、肉眼で見るぶんには本当にきれいです。ところが天体望遠鏡で見たときには、星の像がボケてしまい、あまり良いことはありません。また、ジェット気流の影響を受けない沖縄で星を見ると、ほとんど星がまたたかずにジーッと光ります。これは気流が安定しているためです。

　惑星は多くの場合、またたかずにジーッと光ります。それは小型望遠鏡でも丸く見える程度の大きさがあります（恒星はすべて点状）。気流の乱れ具合がその大きさより小さければ、またたくことがありません。

星空を見る前に──**月と惑星について**

月の形と位置

　便利な星座早見盤ですが、実はもっとも見つけやすい月と惑星については記載されていません。なぜなら、月と惑星は、時々刻々と星空の中での位置を変えているからです。多くの人は、今日の月の位置と惑星の位置を知りません。そこで、星空観察の前に、この情報を入手しておきましょう。

　月の情報は新聞にも出ていますが、出没の時間と月齢（形）だけです。より詳しい天文情報を調べるには『天文年鑑』や『月刊天文ガイド』などの書籍や雑誌、あるいは国立天文台などのウェブサイトを利用します。

月齢と星空観察の関係

　晴れ上がった晩に見る月は、誰しも「きれいなお月さま」と思うものです。ところが、月がきれいに見える夜ほど見える星の数は少ないことをご存じでしょうか。太陽に次いで明るく見える天体である月は、夜空を明るくし、見える星の数を減らしてしまいます。よって、月が見えない方が、星を見るのに良い条件となります。

　月は地球の周りを約29.5日で公転し、この周期で新月〜満月〜新月という満ち欠けのサイクルを繰り返しています。新月は月が太陽と同じ方向に見えるときですから、太陽が沈めば月も沈みます。ですので、新月の頃は月明かりがなく夜空が暗く一晩中星が良く見える条件になります。上限の月は太陽から東へ90°離れているので、日没の頃に南中し、真夜中に西の地平線に沈みます。この頃は、真夜中過ぎから星が良く見えます。下弦の月は逆に西へ90°離れていますので、真夜中に東の空から昇ってきます。星は真夜中までが良く見えます。

　満月は太陽から180°離れたときで、太陽が西の地平線に沈むと月が東から昇り、一晩中月が出ていて、月が沈むころに太陽が出てきます。このときは星が一晩中見にくい条件になります。

　月は、月齢（欠け具合）によって、おおよそ出没の時間帯が決まっています。夕暮れに見える月は月齢前半〜満月、真夜中に見える月は、上弦〜満月〜下弦の月、明け方に見えるのは満月〜下弦〜新月前の月です。それぞれ月齢（欠け具合）と時間帯によって、月が見える方角が決まっています。

月齢と月の見える方角

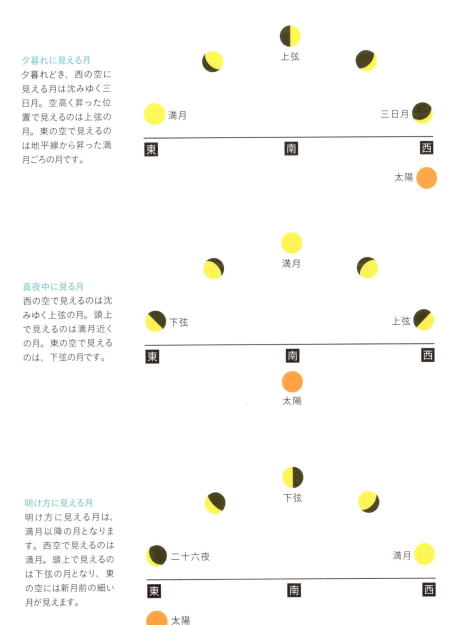

夕暮れに見える月
夕暮れどき、西の空に見える月は沈みゆく三日月。空高く昇った位置で見えるのは上弦の月。東の空で見えるのは地平線から昇った満月ごろの月です。

真夜中に見る月
西の空で見えるのは沈みゆく上弦の月。頭上で見えるのは満月近くの月。東の空で見えるのは、下弦の月です。

明け方に見える月
明け方に見える月は、満月以降の月となります。西空で見えるのは満月。頭上で見えるのは下弦の月となり、東の空には新月前の細い月が見えます。

惑星の見え方

　惑星は、太陽の周りを回転していた大量の物質を集めて誕生しました。その名残で今でも惑星は、ほぼ同じ円盤上を運動しています。これを黄道面といい、地球からは黄道という軌道になり、各惑星はこの付近を移動していきます。

　水星と金星は地球の軌道の内側にあるので内惑星、火星以遠の惑星は、地球の外側に位置するので外惑星といいます。内惑星は地球から見て、常に太陽付近を動くという特徴があります。地球から見て内惑星が太陽の向こう側にまわったときを外合とよび、太陽に近すぎて観察はできません。内合のときも同様に太陽のそばにあるので見ることはできません。太陽からもっとも離れて見えるときを東方最大離角や西方最大離角といいます。東方最大離角の頃は太陽が沈んだあとの宵の西空に、西方最大離角のときは日の出前の東の空に見えます。太陽のすぐ近くをまわる水星は、このときが観望のチャンスです。

　外惑星とよばれる、火星、木星、土星などは、地球から見て太陽の反対側に位置する"衝"とよばれるときが、真夜中の頃空高く昇って一晩中見えるのでもっとも観望しやすい時期となります。西矩は太陽の西側90°にあり、夜明けの南の空、東矩は太陽の東側に90°にあり、夕方の南の空で観察することができます。また、外惑星も地球から見て太陽の向こうにまわった合のときは見ることはできません。

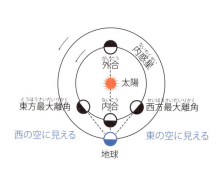

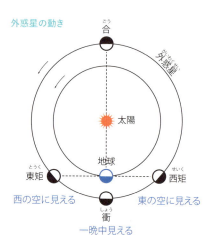

Polaris

星座とは

The
Constellation

全天88星座になるまで

やぎ座付近の星座絵（1801年）　ドイツ・ベルリン天文台長ボーデによる図で、各星座の境界線が曲線で書かれています。星座が多く作られるようになるとその境界線を示す必要が出てきました。現在は使われていない「けいききゅう座」も描かれています。

　古の時代より、民族ごとにさまざまな星座らしきものがあったなかで、現代にまで伝わっているのは、西洋星座と東洋星座（星宿）です。

　西洋星座の起源は、メソポタミアのシュメール文明にあり、古代エジプトやギリシアに伝わりました。占いをするために黄道上の星から星座が作られ、次第に全天へ広がり、それがギリシア神話とも結びつき完成されました。2世紀の天文学者プトレマイオスが書物「アルマゲスト」で説いた天動説や48個の星座が広く世に広まり、確立されたのです。

　15世紀中ごろの大航海時代、西洋人がアフリカ大陸を南下するようになり、初めて見た南半球の星空に、みなみじゅうじ星などの新たな星座を作りました。それを契機に北半球の星空も含め、いたるところに星座が作られる「星座混乱の時代」を迎え、国により星座名が異なるようになったのです。この混乱は、1930年に国際天文連合により新たに88星座が制定されたことで収まり、現在に至っています。この決め方は、星空全体を88個に分け、それぞれの境界線を定めたものでした。88個の星座はプトレマイオスの48星座を尊重しつつ、新たな星座を加えたものです。当然ながら失われた星座もあります。

東洋の星座

淳祐天文図（1247年） 中国に現存する最も古い天文図です。星の明るさは無視し、その位置と結び方で星宿を示しています。オリオン座付近が参宿や觜宿、おうし座付近が畢宿や昴宿になっています。

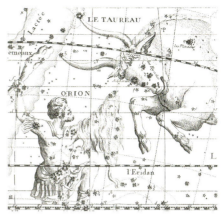

フラムスティード星図（1776年） イギリス・グリニッジ初代天文台長による星図で、左の中国星宿の図とほぼ同じ領域です。近代的な観測に基づき、星の明るさと位置が正確に書かれています。星座の境界線は書かれていません。

　東洋の星座は中国で考え出されたもので、星宿（せいしゅく）といいます。星宿は大きく分けて2グループあり、1つは星占いや天文学的に使うもので、「二十八宿」といいます。月が恒星に対して27.3日で公転するため、天の赤道に沿って28に分けたものです。各宿には基準となる星を定め、そこからのずれの位置を示すことで、彗星や新星出現などの天文現象を記録しました。もう1つは人間社会の官僚構成や身分制度をそのまま星空に反映させたもので、200個以上の星宿があります。

　日本には飛鳥時代の頃に中国の星宿が伝わってきたようです。7世紀末頃に造られたキトラ古墳内で発見された天文図にも、この中国の星宿が描かれています。江戸幕府の天文方でもこの星宿を使用していました。やがて、明治の文明開化と共にやってきた西洋文化の取入れにより、現在では星宿を使うことは全くありません。一方で、日本全国で使ったわけではないのですが、国内のある地域で使われた星の名前は数多く残されています。たとえば、ひしゃく星（北斗七星）、升星（ますぼし：秋の四辺形）、鼓星（つづみぼし：オリオン座）などです。

誕生日の星座

「○○座はどこに見えますか？」という質問を受けます。誕生日が近いから、自分の星座がどこに見えるのか知りたかったのに、話題にまったく出てこなくてガッカリされることもあります。

　誕生日の星座は全部で12個です。たとえば、4月の宵空にはしし座が南の空によく見えます。しかし、占星術でいう「しし座」は7月23日〜8月22日に生まれた人を指します。なぜ、このような設定なのでしょうか。

　太陽は1年をかけて星空を一周します。この太陽が進んでいく天球上の軌道のことを「黄道」といいます。月や惑星もこの黄道付近を移動しています。黄道を中心に約10°の幅を定めたこの帯状の範囲を獣帯（ゾディアック）といいます。この獣帯を黄道上の春分点から30°ずつ12等分した各々を「宮」といいます。この宮の位置から太陽や月、惑星の位置をざっくり定め、それをベースにして吉凶を占ったのが占星術です。

　次ページ上の表にある対応星座とは、この宮ができた頃、それぞれの宮に位置する星の並びから作った星座です。当たり前ですが、ほぼ宮の名称と一致しています。各宮の長さは角度で30°ずつですから、太陽は約30日間で次の宮へ移動していきます。表の太陽の通過期間とは、各宮を太陽が通る日付です。

　紀元前150年ごろ、古代ギリシアの天文学者ヒッパルコスが、宮の始点である春分点が黄道上を西へ少しずつ移動していくことを発見しました。これを「歳差現象」といい、時とともに北極星の位置も変わると知られています。

紀元0年と西暦2000年の宮

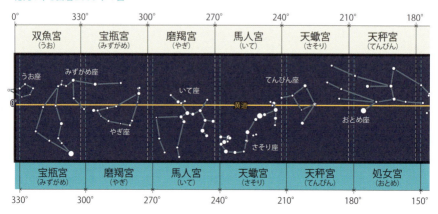

宮の一覧表

宮の名称	記号	対応星座	太陽の通過期間（およそ）
白羊宮（はくようきゅう）	♈	おひつじ座	3月21日〜 4月19日
金牛宮（きんぎゅうきゅう）	♉	おうし座	4月20日〜 5月20日
双児宮（そうじきゅう）	♊	ふたご座	5月21日〜 6月21日
巨蟹宮（きょかいきゅう）	♋	かに座	6月22日〜 7月22日
獅子宮（ししきゅう）	♌	しし座	7月23日〜 8月22日
処女宮（しょじょきゅう）	♍	おとめ座	8月23日〜 9月22日
天秤宮（てんびんきゅう）	♎	てんびん座	9月23日〜10月23日
天蠍宮（てんかつきゅう）	♏	さそり座	10月24日〜11月22日
人馬宮（じんばきゅう）	♐	いて座	11月23日〜12月23日
磨羯宮（まかつきゅう）	♑	やぎ座	12月24日〜 1月19日
宝瓶宮（ほうへいきゅう）	♒	みずがめ座	1月20日〜 2月18日
双魚宮（そうぎょきゅう）	♓	うお座	2月19日〜 3月20日

　下の図は、星空にある星座と、紀元0年および西暦2000年の宮を示したものです。太陽はかならずしも一つの星座を1ヵ月間かけて移動しているわけではないのです。さらに、現代ではうお座に春分点があり、白羊宮の位置にはうお座があります。春分点の移動によって、星座宮と星座にずれが生じたということです。

　占星術では、実際の星空にある星座ではなく、宮を使用しています。したがって、占星術でいう星座と星空にある星座は、実はまったく別物と考えてもよいでしょう。

　なお、1930年に星座と星座の境界線を決めたことで、黄道上にへびつかい座が入り、このときから黄道上の星座は、正確には13個になっています。

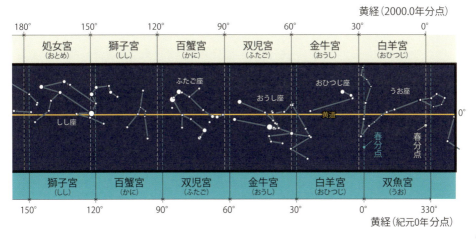

誕生日の星座の見つけ方

各宮の対応星座を誕生日の星座として、それぞれの見つけ方を
簡単にまとめました。さらに、発見難易度は★印で示し、
3段階で示しています。暗い星ほど、街中で見つかるのがむずかしくなります。

うお座　発見難易度 ★★★

　まずは秋の四辺形（p.79）を見つけます。2等星3つと3等星1つで作られた、街中ではやっと見つけられる四角形です。うお座は4等星以下の微光星（暗い星）ばかりでできているので、星を結ぶのはかなりむずかしいようです。
　うお座は2匹の魚がリボンで結ばれた姿です。その全形はサクランボをイメージしてみるとよいでしょう。秋の四辺形のすぐ南側に、点々と細長い丸を結ぶとそれが1匹目の魚。そこからくじら座のミラへ向かい、東方向へ星をたどり、リボンを伸ばしていきます。α星まで来たら、次はアンドロメダ座がある北西方向へ微光星をたどり、υ星やτ星あたりに2匹目の魚を想像します。また、見方を変えると、秋の四辺形を飲み込もうとする大きな口のようにも見えてきます。

おひつじ座　発見難易度 ★★

　おひつじ座には、α星でハマルという2等星があり、それ以外は3～4等の星が連なっています。夜空の中にハマルを見つけられるかどうかがポイントとなります。目じるしは、秋の四辺形とおうし座の1等星アルデバラン（p.79）。両者のほぼ中間付近におひつじ座のハマルが輝いています。この星が特定できればしめたもの。さらにβ星（3等星）とγ星（4等星）を結び、「ヘ」の字の逆に結んでみましょう。
　次にアルデバランに向かって、その距離の半分ぐらいを進むとδ星（4等星）があります。そこまでまっすぐ線をのばせば、おひつじ座ができあがります。シンプルな記号のような形から、おひつじの姿を想像してみましょう。ハマルとβ星をおひつじの角に見立ててみましょう。δ星までまっすぐのびる線はおひつじの胴体の部分となります。

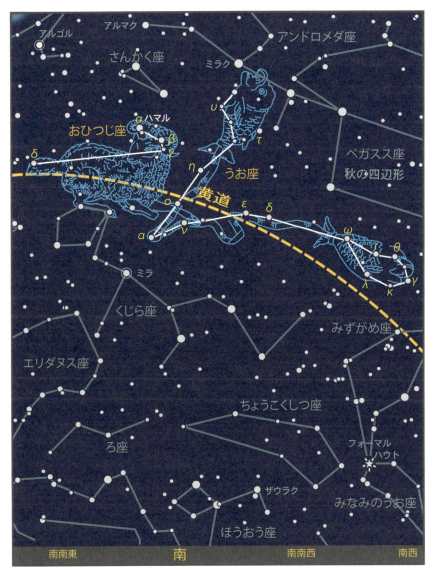

● うお座とおひつじ座
（見ごろの季節：秋）

南の空に見える時期

1月中旬 18時
8月中旬 4時
9月中旬 2時

10月中旬 0時
11月中旬 22時
12月中旬 20時

おうし座　発見難易度 ★

　オリオン座の三ツ星をまず見つけましょう。その三ツ星からななめ右上にまっすぐ伸ばしていくと、おうし座のα星(アルファ)のアルデバラン（1等星）が見つかります。赤い色が特徴のこの星は、おうしの血走った目にあたります。アルデバランから3〜4等星が点々とV字に並ぶ星の連なりはおうしの顔の輪郭になります。V字の尖ったところが口元、開いた部分が頭になります。頭からは2本の角が出ています。ζ星(ゼータ)（3等星）とぎょしゃ座のβ星(ベータ)（2等星）を借りれば、2本の角の完成です。おうしの顔を作っている星ぼしはヒアデス星団と呼ばれる大きな星団です。牛の肩には、有名な「プレヤデス（すばる）」という星団があります。その位置は、オリオン座の三ツ星からアルデバランを結び、その延長線上、握りこぶし一つ半（15°）ほど伸ばした位置です。

　さらにもうひと頑張りすると、躍動感あふれる牛の姿が見えてきます。それは、ヒアデス星団からλ星(ラムダ)、ζ星(ゼータ)、すばる星団で体を想像します。λ星(ラムダ)からμ星(ミュー)、ν星(ニュー)などを結び付け、あらためて全体を眺めてみてください。すると前足で地面を掻き、今にも飛びかかろうとする牛の姿に見えてくるから不思議です。

ふたご座　発見難易度 ★

　ふたご座の目じるしはα星(アルファ)のカストル（2等星）とβ星(ベータ)のポルックス（1等星）です。冬の大三角（シリウス・ベテルギウス・プロキオン）をまず見つけ、シリウスを北側にひっくり返した付近で見つけることができます。色にも特徴があり、カストルは白く輝く「銀星：ぎんぼし」、ポルックスはやや赤く輝くので「金星：きんぼし」とよばれます。カストルから、τ星(タウ)、ε星(イプシロン)、μ星(ミュー)を結んでまず一列目ができあがり、ポルックスから、δ星(デルタ)、ζ星(ゼータ)、γ星(ガンマ)まで、もう一列をつくります。この二列ができれば、仲良し兄弟の姿が容易に想像できるでしょう。さらに手足の部分となりそうな星もありますね。ちなみに、ギリシア神話ではカストルは兄、ポルックスは弟となっています。天の川のほとりに佇み語り合う兄弟の姿を想像してみてください。この位置は、オリオンと牡牛の戦いが天の川越しに見えます。戦いをどう終えるか眺めているのかもしれません。

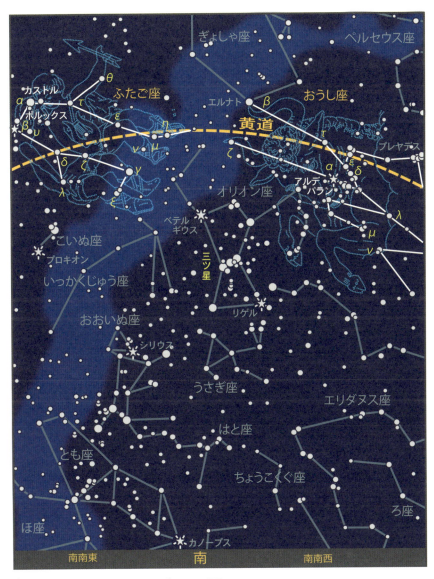

● **おうし座とふたご座**
（見ごろの季節：冬）

南の空に見える時期

1月中旬 22時
2月中旬 20時
10月中旬 4時
11月中旬 2時
12月中旬 0時

かに座　発見難易度 ★★★

　かに星座を見つけるのは、正直、至難の技かもしれません。この星座には明るい星はなく、α星、β星、δ星、ι星はいずれも4等星です。ふたご座のポルックス（p.33）と、しし座のレグルスの中間に位置しています。かにの甲羅はδ星まわりに5等星を3つ結んで、台形をつくります。そこから上下にまっすぐ線をのばすと、α星とι星にたどり着きますが、これがかにのハサミの部分になります。

　空が充分に暗ければ、甲羅部分の台形のなかに、プレセペ星団が薄ぼんやりと浮かんでいるのが見えるでしょう。このプレセペ星団は、いろいろな言い伝えがあります。まずプレセペという名は、ラテン語で「飼い葉桶」、つまり西洋ではロバの餌を入れる桶に見たてています。また、中国では魂の宿る場所と見られているようです。もし双眼鏡があればぜひこのプレセペ星団を見てみましょう。無数の星が集まる姿はとても美しいものです。

しし座　発見難易度 ★★

　しし座のイメージは「？（クエスチョンマーク）」の裏返しです。α星のレグルスは白く光る1等星で、「？」マークの終点の位置にあたります。始点はε星からμ星、γ星などを経てレグルスまで結んでいきます。この丸い部分をししの頭部に見ます。一方で、ししの大がまともいい、草刈り鎌に見立てることがよくあります。ただし、この鎌は西洋製の刃が円弧状の大きなものです。つぎに、ししの尻尾の位置にあたるデネボラ（2等星）を見つけましょう。レグルスからうしかい座のアルクトゥルス（p.33）を目指して東へ握りこぶし二つ半（25°）の位置にあり、よく目立つ2等星です。春の大三角形を作る星でもあります。デネボラとδ星とθ星（ともに3等星）をたどれば直角三角形になるので、見つけやすいでしょう。さらにθ星からν星へ転々と星を結べば、後ろ足のできあがりです。全体を眺めれば、獲物に飛びかかろうとするししの姿が想像できます。

　なお、レグルスの由来はししの心臓とされていますが、正しくは「小さな王様」という意味です。

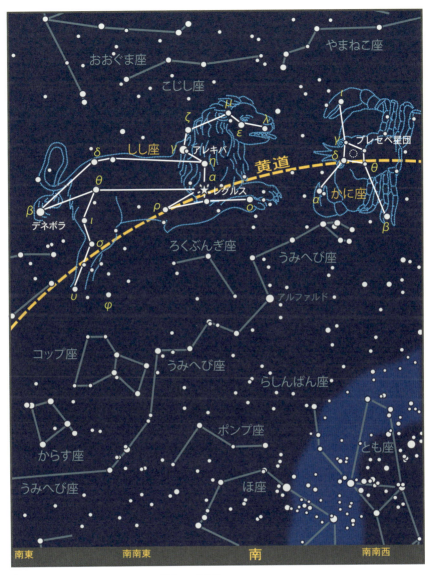

※ 1等星　○ 2等星　○ 3等星　○ 4等星　○ 5等星

● **かに座としし座**
　（見ごろの季節：春）

南の空に見える時期

1月中旬　2時	4月中旬 20時
2月中旬　0時	12月中旬　4時
3月中旬 22時	

おとめ座　発見難易度 ★★★

　おとめ座の目印はY字の星の並びです。出発点は ε星（イプシロン）から δ星（デルタ）を経て γ星（ガンマ）へ、つぎに β星（ベータ）、η星（エータ）、γ星（ガンマ）を経て α星（アルファ）のスピカ（1等星）まで直線的に結べば、Y字の完成です。この全形からおとめ座を想像するのは、正直むずかしいです。細かな星を努力して結ぶとくらげのようになってしまいます。おとめ座は2人の女神を兼ねています。星座絵では、正義の神アストラエアを象徴する羽根ペンを右手に持ち、農業の神デメテルを象徴する麦の穂を左手に持つ、大きな羽をもつ天使です。アストラエアは人の魂を天秤にかけ、善悪をどれだけ行ってきたか調べるそうです。その結果を見て魂の行き先が天国か地獄かが決まり、その判決文を書くペンが羽根のペンだということです。一度書いたら決して修正が聞かないそうです。スピカはちょうど麦の穂の位置にあたり、「麦の穂」とか「尖ったもの」という意味です。まさしく尖った麦の穂先を指しています。ちなみに、スピカは英語の「スパイク」と同じ語源から名づけられています。

　日本ではスピカのことを真珠星といい、うしかい座のアルクトゥルスを麦星とよんでいます。ついでに2つの星を「夫婦星」とよぶ地域もあります。

てんびん座　発見難易度 ★★

　てんびん座という名前はよく聞きますが、てんびんというものが何なのか、現代の子供たちは知らないようです。むしろ、やじろべえをイメージして、逆さのくの字形と覚えるとわかりやすいでしょう。この星座の α星（アルファ）はおとめ座のスピカとさそり座のアンタレスの真ん中あたりに位置しています。くの字は β星（ベータ）、α星（アルファ）、σ星（シグマ）（いずれも3等星）を結んでつくります。α星（アルファ）を支え軸にして見れば、やじろべえ（てんびん）の形に見えてくることでしょう。β星（ベータ）と σ星（シグマ）は、東隣にあるさそり座のはさみの先も兼ねています。黄道十二星座の中で、ただ一つだけある物の星座です。その意味は、昔、この星座には秋分点がありました。そこに太陽がくる日は昼と夜の長さが等しくなり、それを表すためにてんびん座ができたのではないかと想像できます。一説には、おとめ座の正義の神アストラエアが手にして、人の魂の善悪をはかるために使った天秤だとも言われています。

※ 1等星　○ 2等星　○ 3等星　○ 4等星　○ 5等星

● おとめ座とてんびん座
（見ごろの季節：春〜夏）

南の空に見える時期

2月中旬 4時
3月中旬 2時
4月中旬 0時

5月中旬 22時
6月中旬 20時

さそり座　発見難易度 ★

　さそり座は、夏の天の川の南側にSの字型に星が連なる見つけやすい星座です。α星はアンタレスという赤く輝く1等星で、さそりの胴体の中央部分に位置しています。β星（3等星）、δ星（2等星）、π星（3等星）が、さそりの頭部です。てんびん座のβ星とσ星を結べば、長く伸ばしたさそりのはさみになります。アンタレスから南東へ2等星から3等星を転々と釣り針状に星を結ぶとさそりの尾の部分となります。終点にあるλ星とν星はさそりの毒針の星です。この星座を形作る星は3等星以上の明るい星が連なり、見つけやすい星座です。

　作家の宮沢賢治は、この2つの星を題材にして「ふたごの星」という話を書きました。また、赤く光るアンタレスを見て、「銀河鉄道の夜」のなかで「さそりの火」と表現しています。このSの字のカーブは尾を反り返らせたさそりのイメージそのものです。夏に見られる人気の星座のひとつです。

いて座　発見難易度 ★★

　いて座は上半身が人間で、下半身が馬という、いわゆるケンタウルスの姿です。弓矢を構えていることから射手とよばれています。目じるしは南のひしゃく「南斗六星」です。六星は、2等星から4等星のζ星、τ星、σ星、φ星、λ星、μ星を結んでつくります。南斗六星から南側にある3等星から4等星のγ星、δ星、ε星などの星を結ぶこともできます。これらの星は射手の上半身の部分にあたります。下半身はさらに南東側にある4等星以下の星ばかりで、つかみどころが見つかりません。驚くべきことにその南端付近に4等星のα星ルクバトとβ星アルカブがあり、射手の膝、射手のアキレス腱という重要な意味です。しかしながら星を眺める限り射手のかたちを想像するのはとてもむずかしいです。星座絵図には、さそり座をねらいすます姿が描かれています。

　空にあるひしゃくは北斗と南斗の2つがあります。中国では北斗を死、南斗は命を司る星という言い伝えがあります。一方、西洋では、ミルク・ディッパーという小さなスプーンに見ています。たしかに天の川をすくうスプーンのようですね。

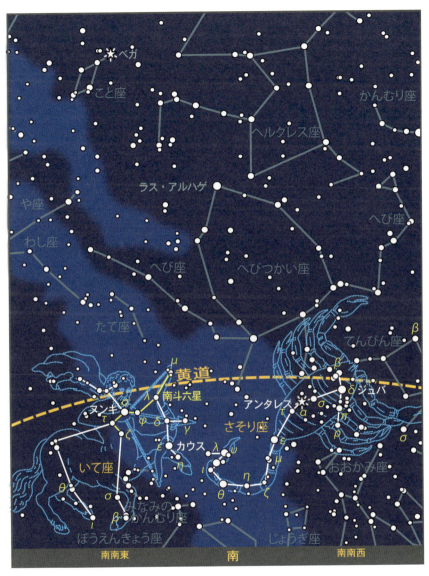

☆ 1等星　○ 2等星　○ 3等星　○ 4等星　○ 5等星

● さそり座といて座
　（見ごろの季節：夏）

南の空に見える時期

4月中旬　4時
5月中旬　2時
6月中旬　0時
7月中旬　22時
8月中旬　20時

やぎ座　発見難易度 ★★★

　やぎ座は、4等星を中心に結ぶ大きな三角形を目印にします。その位置は「夏の大三角」のこと座のベガ（p.79）からわし座のアルタイルの延長線上、アルタイルから握りこぶし2個（約20°）ほど先にα星（4等星）があります。やぎの三角形はα星、ω星、δ星、を結ぶ三角形です。空が充分暗いところで見ると、それ以外にいくつもの星が点々とつながる三角形がよくわかります。まるで空に笑った口が浮かんでいるように見えます。古代ギリシアでは神々の門とよび、天国へ行く入り口と言われていました。

　やぎ座は、神話では、上半身がやぎ、下半身が魚というなんとも奇妙な姿をしています。それは、牧神パンがヤギに化けようと思いながら、つい川に飛び込んでしまった結果です。珍しい姿なので、ゼウスがそのまま天に残したとされています。その姿をイメージして、改めて大きな三角形を眺めると、ヤギと魚の姿に見えてきそうです。

　α星は、肉眼でもギリギリ2つに分かれて見える4等星と5等星の「2重星」です。実際に見えるか試してみるとよいでしょう。

みずがめ座　発見難易度 ★★★

　秋の四辺形のα星とやぎ座のδ星のちょうど中間付近を注目してください。4等星と5等星を4つ組み合わせて作る三ツ矢のマークをまず見つけましょう。その部分が水を入れる瓶の位置になります。さらに、南に輝く1等星フォーマルハウトを見つけましょう。目をよく凝らして見ると、三ツ矢マークからフォーマルハウトを目指して、蛇行しながら、いく筋も微光星が連なって見えます。

　これが水瓶から流れる水を表わしています。フォーマルハウトはみなみのうお座の1等星で、流れてくる水を受け止めています。三ツ矢マークからさらに西へα星、β星、ε星とを結ぶと、東西方向にも広がり、全体としてかなり大きい星座になります。この部分が水瓶を持つ青年の左手になります。この青年ガニメデウスは、お酒の神バッカスの元で働いていました。みずがめから流れるものは、もしかすると水ではなかったかもしれません。ちょっと気になるところです。

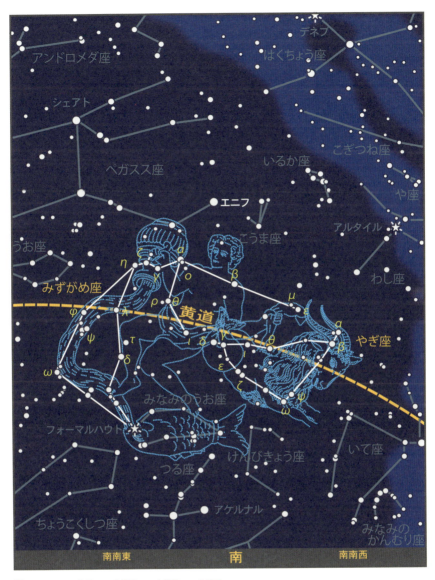

※ 1等星　○ 2等星　○ 3等星　・ 4等星　・ 5等星

● **やぎ座とみずがめ座**
　（見ごろの季節：秋）

南の空に見える時期

7月中旬　2時
8月中旬　0時
9月中旬　22時
10月中旬 20時
11月中旬 18時

星のつなぎ方

　星座は古代からさまざまな民族によって伝わり、近代では、いたるところで人々が自由に星座を作り、混乱を招いた時代もありました。1930年に国際天文連合により、全天88星座が統一され現在に至っていますが、国によって星と星の結び方はそれぞれ異なるものも多いようです。

　星座の星の結び方は、厳密に決められたものではありません。国ごとに異なる場合もありますし、本によっても違うことにも気付くでしょう。星座の境界線は決まっていますが、その中でどう結ぶかは自由なのです。

　この本では、星座の絵や星の結び方がわかりやすいように、一般的に使われている星のつなぎ方で星座の線を結びました。

　また、それぞれの星に α、β などのギリシャ文字の記号がついているのが分かると思います。これを「バイエル符号」といい、ドイツの天文学者ヨハン・バイエルが1603年に発表しました。星座ごとに、おもに明るさの順にギリシャ文字をつけ「おおいぬ座α星」のようによびます。たまに順番が違うものもありますが、88星座の多くは、α星はその星座の中で一番明るいということになります。

　ギリシャ文字で足りない場合は小文字のアルファベットを、さらに足りない場合は大文字のアルファベットを使います。下の表は、ギリシャ文字の一覧表です。

ギリシャ文字の一覧表

ギリシャ文字	ギリシャ読み	日本での一般的なよび方	ギリシャ文字	ギリシャ読み	日本での一般的なよび方
α	アルプ	アルファ	ν	ニュー	ニュー
β	ベータ	ベータ	ξ	クシー	クシー
γ	ガンマ	ガンマ	o	オ・ミークロン	オミクロン
δ	デルタ	デルタ	π	ピー	パイ
ε	エ・プシーロン	イプシロン	ρ	ロー	ロー
ζ	ゼータ	ゼータ	σ	シーグマ	シグマ
η	エータ	エータ	τ	タウ	タウ
θ	テータ	シータ	υ	ユー・プシロン	ウプシロン
ι	イオータ	イオタ	ϕ	フィー	ファイ
κ	カッパ	カッパ	χ	キー	カイ
λ	ランブダ	ラムダ	ψ	プシー	プサイ
μ	ミュー	ミュー	ω	オー・メガ	オメガ

※日本ではギリシャ読みと英語読みがまざって使われ、なまって慣用されている読み方もあります。

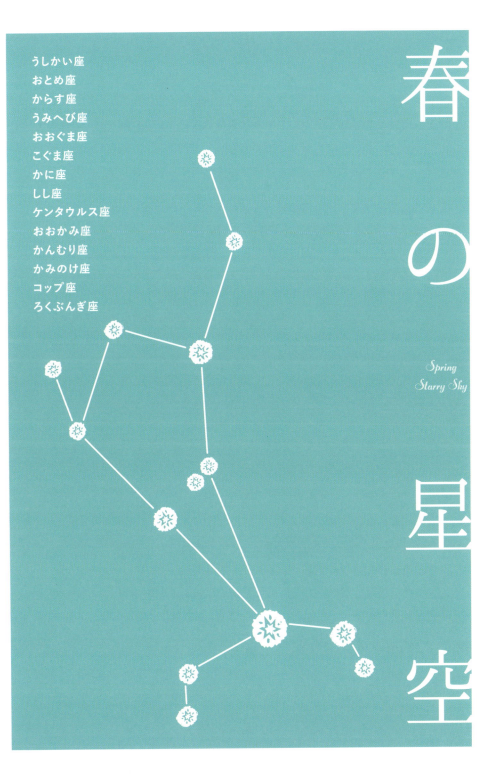

春の星座の見つけ方

「春はあけぼの。やうやう白くなりゆくやまぎわ、すこしあかりて、紫だちたる雲の細くたなびきたる」。これは清少納言作「枕草子」の冒頭に出てくる文章です。空気がゆるみ、夜明け前の空に春霞がたなびく様子が目に浮かびます。

　春のおぼろ月夜という言葉もあるように、夜空には霞(かすみ)がかかり、星の見え方も今ひとつかなと思えます。星数が少なく感じるからですね。そこで、右の図をご覧ください。地べたに寝転んで、空全体を見たイメージで、円周の部分が地平線です。この夜空は天の川が地平線上をぐるりと取り囲む感じです。ずばり春は、天の川が見えない空になっているのです。これが、春の星空の特徴で、明るい星が多い領域の天の川が地平線付近なので、自然と星数も少なく感じてしまうわけなのです。

　しかし、そんな星空にも特徴ある星がいくつもあります。トップバッターは、北の空に見える七つの星の連なり、といえば誰でも思いつく北斗七星です。「ひしゃくぼし」といい、この名は古くから日本全国で親しまれていますので、日本の星座名といってもいいでしょう。まさしく、この星の連なりが春の夜空のランドマークです。星座では、おおぐま座というからびっくりです。キツネやタヌキならまだしも、ひしゃくがどうしてクマに化けるのでしょうか。明るく輝く1等星では、うしかい座のアルクトゥルスとおとめ座のスピカがまず目を引きます。この2つの星はオレンジ色と白という対比ができるからなのか、とても美しい色合いに見えます。これらを結んでいくと、春の大曲線ができあがります。

　明るさは少し落ちますが、頭は西に、尾は東という具合に空を半周近くするうみへび座は、始めはまとまりが感じられなかった星々が、結びつけて全容が見えたとたん、うみへびにしか見えなくなるから不思議です。そのすぐ上には、ろくぶんぎ座、コップ座、からす座が並びます。誕生月の星座では、かに座、しし座、おとめ座が見えます。珍名のかみのけ座とは何かと気になるところです。

　星数が少なく寂しいのかなと思いきや、春の星空は結構にぎやかなのです。

春の星空

○ 1等星
○ 2等星
○ 3等星
○ 4等星
○ 5等星

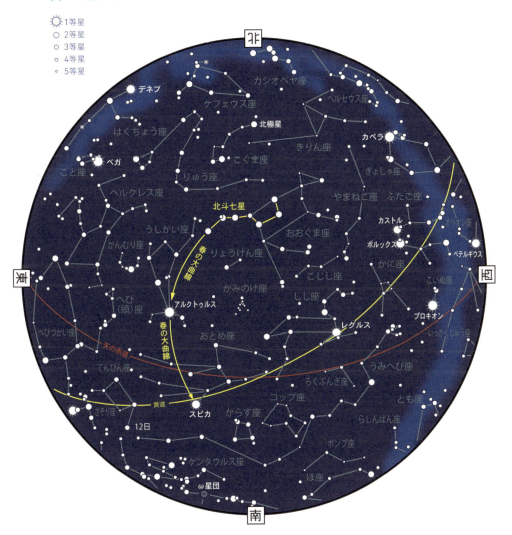

同じ星空が見える時刻

3月上旬	1時ころ
3月下旬	0時ころ
4月上旬	23時ころ
4月下旬	22時ころ
5月上旬	21時ころ
5月下旬	20時ころ

見つけやすいのが，天高く黄金色に輝くうしかい座のアルクトゥルスとおとめ座の白いスピカです．しし座の2等星のデネボラも加えると春の大三角です．西の空へ向くとしし座のレグルスとこいぬ座のプロキオンが目を引きます．これらの星を目じるしに，しし座の姿やからす座，うみへび座が見つけられます．

北斗七星から春の大曲線を探そう

　北斗七星はその名がよく知られ、誰でもどこかで耳にしたことがあるでしょう。夜空が暗ければすぐに見つけられます。ところが街灯りの中では、7つの星のうち1つだけある3等星が見つけにくく、ひしゃくの形がわかりにくいかもしれません。その場合には、おおよその位置を星座早見盤などで確かめます。

　北斗七星の大きさは、ひしゃくの水を入れる部分は握りこぶしで1個分、柄の長さは握りこぶし1つ半くらいです。このように大きさの見当をつけて夜空をよく見れば、多少の街灯りがあっても星座を見つけることができます。知識として知っていることと、実感は異なります。夜空にある北斗七星を実際に見てみると意外に大きいことに驚くかもしれません。北斗七星が見つかれば、柄のカーブを南にのばすと、うしかい座の1等星アルクトゥルスが見つけられます。特徴はその黄金色の輝きです。星の色を目じるしにアルクトゥルスを見つけ、北斗七星の柄の延長線上にあることをあとから確認してもよいでしょう。

　さらに、純白に輝くおとめ座の1等星のスピカが見つかれば、春の大曲線の完成です。春の大曲線の見つけ方は、p.36で詳しくご紹介しましょう。

春の大三角を結んでみよう

　アルクトゥルスとスピカが見つかったら、それを結ぶ線を一辺とする正三角形を西に向けて作ってみましょう。これが春の大三角形で、その西側の一角の星はしし座の2等星のデネボラ、「ししの尻尾」という意味を持つ星です。一度その形がわかってしまえば見つけやすい形をしています。

　デネボラからさらに西へ握りこぶし2つ強の位置には、白く輝くしし座の1等星のレグルスがあります。暗い夜空で丹念に見ていけば、「ししの大がま」を目じるしに、しし座の星の連なりも見えてくることでしょう。

　「ししの大がま」の西側の一角の星は、しし座の2等星のデネボラ、「ししの尻尾」という意味を持つ星です。デネボラからさらに西へ握りこぶし2つ強の位置には白く輝くしし座の1等星のレグルスがあります。暗い夜空で丹念に見ていけば、「ししの大がま」を目じるしに、しし座の星の連なりも見えてくることでしょう。

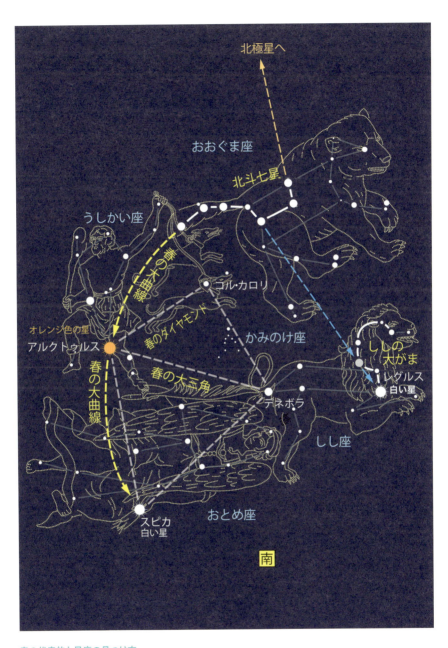

春の代表的な星座の見つけ方

意外とたどりにくい
「春の大曲線」

春の星座めぐりは「春の大曲線」から始めましょう。
しかし、「春の大曲線」は予想以上に大きく、
星空に親しんでいないとなかなかたどれない人も多いようです。
春の大曲線をしっかりたどりながら、春の星座をご案内しましょう。

星空観察POINT

★ 春の大曲線は南北に握りこぶし9個分より長く、意外と
たどりにくいものです。じっくりたどり、全体をイメージしましょう。
★ うしかい座やおとめ座はその姿を描きにくいので、
星の連なりを覚えやすい形に見立てて探してみましょう。

春の大曲線を上手にイメージするには

　北斗七星の星は明るさもよくそろい、見つけやすい星の連なりです。春の大曲線は、この北斗七星からたどっていきます。しかし、南北に約90°、握りこぶし9個を超す長大な曲線なので、曲線を長くのばしているうちに、あらぬ方向へ向かってしまう人も多いようです。

　頭の中に、春の大曲線は「ひしゃくの柄の星から2つの1等星と小さな四辺形を結ぶ大きなカーブ」というイメージを浮かべると見つけやすいでしょう。

　初めに柄の星ぼしが緩やかなカーブに沿って連なることをよく見ておきます。そのカーブをそのまま延長し、黄金色に輝く1つ目の1等星、アルクトゥルスを見つけます。アルクトゥルスは、その明るさと色が印象的です。

　ここまでは、ほかに目立つ星もないのでスムーズに見つけられます。この次の目じるしまでが遠距離なので、もう一度、北斗七星の柄の星までもどり、アルクトゥルスまでのカーブを確認します。そして、わき目もふらず、その倍の距離をカーブしながらぐっと伸ばすと2つ目の1等星スピカが見つかりま

春の大曲線 星座を見なれていない人にとって、春の大曲線は意外に見つけにくいものです。目じるしの星は、北斗七星の柄の星に沿ってのばした曲線の先にある、黄金色の星(アルクトゥルス)と純白の星(スピカ)、最後が小さな四辺形(からす座)です。

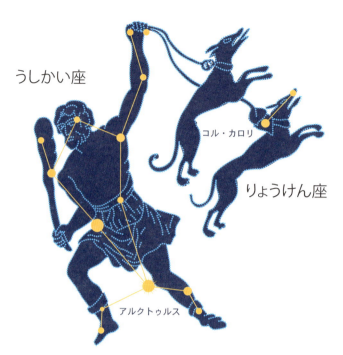

うしかい座とりょうけん座
りょうけん座の2頭の犬を引き連れたうしかい座は、大きい星座にもかかわらず星座神話がはっきりわかっていません。

す。スピカは純白の星ですが、この白い星という点にも注目します。

　この、「わき目もふらず」というのには意味があります。スピカのあたりには黄道（p.16）があるので、しばしば近くに惑星が輝いていることがあり、スピカとまちがえやすいのです。星の色が純白で、瞬きが多ければスピカで、そうでなければ惑星と思って間違いないでしょう。

　スピカまできたら、もう少し延長すると、からす座の四辺形にたどり着きます。ここまで星をたどってくると、すでに南の空の低空です。

うしかい座とおとめ座：星の連なりを何かに見立ててみよう

　春の大曲線は3つの星座を通っているので、順に紹介していきましょう。まずは黄金色に輝く1等星アルクトゥルスのあるうしかい座ですが、うしかい座の星ぼしを結んでも牛飼いの姿を想像するのは困難です。

　このように星座名と星座の形が一致しない星座に慣れるには、星の連なりの形を、見つけやすい、あるいは覚えやすい形として置き換えて覚えるのがおすすめです。たとえば、うしかい座の場合には、のし袋の「のし」やネクタイ、いびつなひし形などがあります。アルクトゥルスを宝石に見立てて、トパー

うしかい座
ここから牛飼いの姿を想像するのは困難ですが、「ネクタイ」や「のし」の形などいろいろなものに見立てて楽しんでみましょう。

ズ（黄玉）のネックレスという表現も素敵です。あわせて、西隣には真珠のネックレスのように見えるかんむり座もあるとすれば、魅力も倍増ですね。

2つ目の1等星スピカは、おとめ座の星です。誕生月の星座（p.24）でも詳しく紹介していますが、うしかい座と同様に星の並びから姿をイメージするのは困難です。一番印象的な形は、スピカを終点としてY字に結ぶ星は、4等星以上の星で見つけやすいでしょう。さらに全体をつかんでいくと、まるで広大な海に漂うクラゲのような形にも見えますが、乙女が羽織るベールのヒラヒラに見たてれば、楽しくなってきますね。ともに1等星のアルクトゥルスとスピカを、トパーズと大粒の真珠と想像するのもよいでしょう。

また、日本ではアルクトゥルスが、麦秋（梅雨入り前の時期）の頃の宵空に天高く小麦色に輝くことから「麦星」とよびました。一方、スピカには「麦の穂先」という意味があります。西洋ではスピカを麦の星と見ていて、その対比もおもしろいでしょう。

アルクトゥルスは、熊の番人という意味です。日周運動とともにおおぐまの後を永遠に追い続ける様子を想像してみましょう。

からす座とうみへび座 春の夜空に横たわる巨大なうみへび座と、その胴体の上に小さく位置するからす座。からす座が南中するころ、うみへび座の全体が見ることができます。

からす座の伝説

　春の大曲線はスピカで終える場合が多いのですが、せっかく伸ばしたカーブなので、大曲線の名にふさわしいように、もう少し伸ばしてみましょう。ほどなく3等星ばかりで作るからす座の小さな四辺形が見つかります。

　この四辺形は南の空で高度40°前後にあり、ちょうど見つけやすい高さにあります。各辺の長さがみな違うのですが、α星は四辺形から外れた位置にあります。本来はその星座のもっとも明るい星がα星であることが多いのですが、このα星はからす座のなかで一番暗い4等星で、四辺形のすぐそばにあるおまけのような星です。「四辺形プラス1」という星の連なりがこの星座の目じるしです。

　からす座は、ギリシア神話では嘘つきカラスの話が伝わっています。嘘をついた罰として、身を黒く塗り替えられ、星空に磔の刑にされました。黒い姿は闇夜にまぎれ、打ちつけられた釘の頭だけが星として見えているとのことです。つまり、嘘をついてはいけないという戒めの星座なのです。

うみへび座
うみへび座の頭は、しし座のレグルス、ふたご座のポルックス、こいぬ座のプロキオンを目印にすると見つけやすいでしょう。

もっとも長い星座　うみへび座

　全天でもっとも長い星座であるうみへび座もチャンスがあればぜひ見つけてみたい星座です。伝説では9つの頭を持つ怪物ヒドラです。英雄ヘラクレスに退治され、残った頭一つの姿で天に上げられて星座になりました。

　うみへび座の頭は、しし座のレグルスとこいぬ座のプロキオンの中間付近にあり、3～4等星が並び、口を開けた姿になっています。体はしし座の南を目指して4等星を点々と結んでいくと突如2等星のアルファルドに当たります。α星であるアルファルド「孤独なもの」は周りが微光星ばかりなので目立つ星です。さらにからす座の南を通り、尾先はてんびん座のすぐそばへと延々と3～4等星を結びつないでいきます。鎌首を上げて、こいぬ座に噛みつこうとする姿は、星だけで容易に想像できる非常にわかりやすい星座です。

　東西に握りこぶし10個以上(100°)もある長大な星座で、全体を見るチャンスは少なく、からす座が南中する頃に限られます。南の空が低空まで開けた場所で、全体の姿をつかまえてみましょう。

おおぐま座とこぐま座
星空の下で星座の姿を
想像する

古代ギリシア神話で描かれた星座の世界にロマンを感じて
星空を仰ぎ見る人も多いと思います。
しかし、その期待を抱いて懸命に星を結んでも、
「うまく星座の姿をイメージできない」という声をよく聞きます。
実際の星と星座名の姿をうまく結びつけるのはむずかしいので、
想像力を大きく膨らませ、星座の姿を楽しくイメージしましょう。

星空観察POINT

★星座のポイントとなる星と、星の連なりのポイントをつかみましょう。
★星座神話や伝説で想像力を働かせながら観察しましょう。

星座の星の連なりをつかむ

　たとえば北斗七星を見て「ひしゃくには見えるけど、熊の姿にはやっぱり見えない」というのは、ごもっともです。今の時代の子供たちにとって、ひしゃくといってもピンとくる子は少ないでしょう。むしろ、キリンとか象さんのほうが自然です。つまり、星を結ぶ形から何かを想像するのは人ですから、時代により、民族により、ものの見方は変化し、想像されるものも変わります。星座はメソポタミアで誕生し、ギリシアで完成されたとされています。その誕生の頃は文字もない時代でしょうから、口伝えにされて来たものが、粘土板に刻まれた文字や石に刻まれた絵などを経て、ようやく2000年前にプトレマイオスによってまとめられました。当時の人びとが想像した形が現代にまで伝わってきたこと。これはすごいことだと思います。
　星座を楽しむ醍醐味は、遠い昔に古代人が想像した宇宙を私たちも感じ取

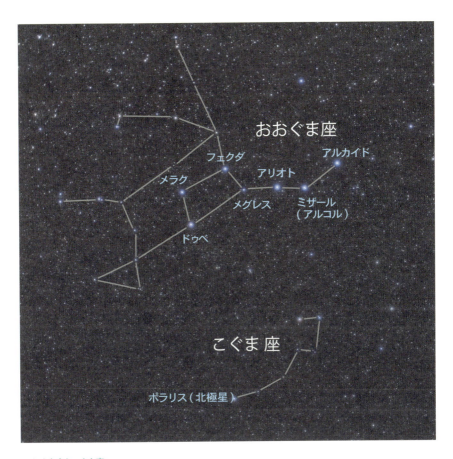

おおぐま座とこぐま座

れることにあります。自由に想像力を働かせて、星空にその片鱗を感じ取ってみましょう。

　その第一歩は、目立つ星だけでもいいから、実際の星空の下で星座の星の連なりを結んでみることです。その連なりから何が想像できるでしょうか？このとき、星の結び方の決まりはまったくないことにご注意ください。この本でも星を結ぶ線を描いていますが、これは便宜上のことで、書籍が違えば紹介する結び方も違うことがすぐにおわかりでしょう。

　できるだけ空が暗く、星がたくさん見える場所で星を結び、星座名と似た姿に見えたとき、きっと大きな感動がわいてくることでしょう。

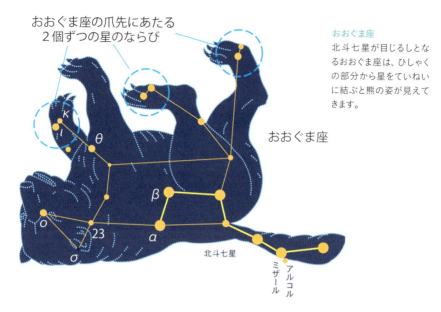

おおぐま座：星をていねいに結ぼう

　おおぐま座の目じるしとなる北斗七星はよく知られている星の連なりです。「ひしゃく」の形であることや北極星の見つけ方などを確認してみてください(p.85)。初めて聞く名前ではないので、安心感を持って探せると思います。また、その形を実際の空で結ぶとあらためて星座の大きさを実感するでしょう。時々「北斗七星はおおぐま座の一部ですが、皆さんには熊に見えますか」と聞いてみると、多くの人の反応が「ノー」と答えます。しかし、少しずつ説明を加えていくと、見ている人たちの答えは変化していくのです（これこそ星空の解説者としての醍醐味です）。

　説明の一例を紹介しましょう。おおぐまの姿は星空では横向きで、事情があって猫のように尾が長い姿をしています。ひしゃくの柄の部分が尾、水をくむ部分がお尻、という具合に説明しながら、頭（23番星、鼻先のο星、σの三角形）、前足（θ→ιとκの二本爪）、2本の後足（どちらも二本爪です）と続けます（3等星程度しか見えないと、二本爪が一本爪になってしまうので要注意！）。

　熊の姿をイメージしやすくするポイントは、鼻先と3組の二本爪の星ぼしをしっかりと示すことです。その上で再度「熊に見えますか？」と聞くと、きっと、イエスとうなずいてもらえると思います。もし「もう1本の前足はどこですか」と聞かれたらしめたものです。話を聞いていただいた方にも、熊の

こぐま座
北極星が目じるしとなるこぐま座は、北斗七星を小さくした「小びしゃく」のようなかたちをしています。

姿が見えている証拠です。答えはアイデア次第で、「それは、神様が描き忘れたのでしょう。きっと」とか。

できあがった熊は北斗七星をベースにして、ずいぶん大きな姿で、文字どおり「おおぐま座」にほかならないと感じるでしょう。

こぐま座の伝説の魅力

こぐま座のα星は北極星として大変有名ですが、単独でポツンと光るので、思いのほか見つけにくい星になっています。ですから、北極星はわかりやすい北斗七星から探すのです。おおぐま座のα星、β星の間隔を5倍ほどのばす方法です。意外にも7倍のばすとか、一番明るい星が北極星と思う人もいるので、ご注意ください。

こぐま座を見つけるポイントとなる星を確認しましょう。こぐま座のα星（北極星）とβ星は2等星ですから、見つけやすい星です。それぞれを端に5等星の星もふくめて7個、いわゆる「ひしゃく」の形に結ぶという意志をもって星空を見ていると自然と見えてくることでしょう。北斗七星と対にして、「おおびしゃく」と「こびしゃく」とよびます。

この大小2つのひしゃく形の星の連なりが見つかり、おおぐま座の姿が想像できていれば、ひしゃくのイメージからこぐま座の姿もざっくりと想像しやすくなると思います。

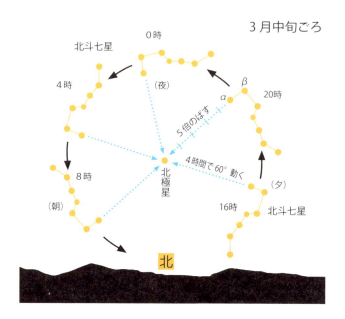

北斗七星の動き 北斗七星をはじめとする北の星たちは、北極星を中心に時計とは反対向きに回っているように見えます。1日24時間で一周するので、3時間で45°動くことになります。北斗七星は時計代わりにもなるのです。

　さらに、おおぐま座とあわせて、こぐま座の星座神話も興味深いものです。
　おおぐま座は美しいニンフ（妖精）「カリスト」が熊に変えられてしまった姿です。カリストは、月と狩りの女神アルテミスに仕えていましたが、大神ゼウスに見初められ、彼の子を宿してしまいます。そのことがアルテミスの怒りに触れ、熊に姿を変えられてしまいました。
　こぐま座はカリスト（おおぐま座）と大神ゼウスの子、アルカスの姿です。アルカスは立派な狩人になり、ある日、熊になった母カリストと出会います。母とは気付かないアルカスは熊を射殺そうとしますが、それを見たゼウスによって熊に姿を変えられ、母親ともに天に上げられ星座になりました。
　神話ではおおぐま座とこぐま座の悲しいエピソードですが、いろいろな時期にこの星座を見ると、いつしか仲よく天をめぐる母と子の熊の姿に見えてきて、印象深い星座になることでしょう。
　おおぐま座とこぐま座は、北斗七星からていねいに星を結ぶことでその姿が見えてきます。

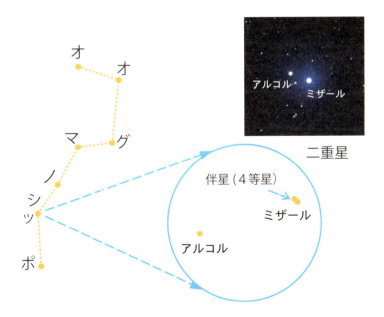

「オ・オ・グ・マ・ノ・シッ・ポ」 それぞれの星に文字をはめると親しみやすくなります。「シッ」にあたるのがミザールとアルコルの二重星です。二重星は天球上で2つの星が接近しているもので、2つの星が地球から見て同じ方向に見えている場合と、空間的に接近している場合とがあります。

北斗七星を使った遊び「オオグマノシッポ」

　37年前、私が名古屋市科学館の故・山田卓さんから教わった北斗七星を楽しむ遊びです。お子さんが多いとき、北斗七星のα星(アルファ)から文字を当てはめて「オ・オ・グ・マ・ノ・シッ・ポ」と読んでみてください。言葉遊びをしながら北斗七星の形とおおぐま座に親しんでもらうことができます。「ちっちゃな"ッ"が見える人？」と聞くと「ハーイ」というかわいい声が返ってきます。さて、その「シッ」の星ですが、これはミザール（ζ星(ゼータ)）とアルコル（80番星）の二重星です。私が紹介するときは、二重星であることは触れずに「ミザールの近くに星がいくつ見えますか？」と聞くと、いろいろな答えが返ってきてとても盛り上がります。双眼鏡があればミザールとアルコルの並ぶ姿がはっきりと見え、さらに望遠鏡で見ればミザール自身も二重星であることが確かめられます。春から夏の観望では、おすすめの星です。さらに、これにはもっと単純に「ホ・ク・ト・シ・チ・セ・イ」と名付ければ、ぴったり合うでしょう。

そのほかの春の星座

かに座としし座

　かに座は誕生月の星座に含まれますので、知名度は抜群です。しかしながら、明るい星が少なくて見つけづらい星座です。街中では、その存在を確かめることすら厳しいでしょう。ところが、夜空が充分暗ければ、ぼんやりと光るプレセペ星団の周りにある微光星（暗い星）の並びからが蟹らしく見えてくる不思議な星座です。

　位置は、ふたご座の1等星ポルックスとしし座の1等星レグルスを目じるしに、その中間あたりをよく見てください。4等星が1個、5等星が3個で小さくいびつな四角形が見つかります。それが蟹の甲羅です。四角形の中にぼんやりと見えるプレセペ星団は双眼鏡で見ると群れるように星が集まった様子が観察できます。その四角形から四方へ4等星を見つけます。α星（アルファ）とι星（イオタ）が振り上げるハサミ、β星（ベータ）とχ星（カイ）（5等星）が後ろの足という感じです。難物なだけに、条件が整えばぜひ見つけてみたいものです。

　かに座は「うみへび座」怪物ヒドラの親友である化け物ガニの姿です。ヘラクレスと戦うヒドラを助太刀しましたが、逆にヘラクレスに踏みつぶされてしまいました。その友情に感じ入った女神ヘーラが、うみへびと共に天に上げ星座にしたといわれています。

　しし座は、かに座のすぐ東隣にあります。1等星のレグルスがα星（アルファ）として輝いており、ここを起点に星を探していきます。北に向けて2等から4等星を6個結ぶと「？」マークの裏返しになります。これを「ししの大がま」とよび、ししの頭部に見立てます。これがわかれば、あとは簡単です。レグルスとアルクトゥルスの中間、春の大三角の星でもあるデネボラ（β星（ベータ））が尾の星で、比較的簡単にししの体や後ろ足が結べていくことでしょう。明るい星も多く、大きさも握りこぶし3個ほどある堂々とした星座です。

　しし座の全体を眺めると、隣のかに座に飛びかかろうとしているかのように見えます。暴れん坊のししはネメアの森に住む不死身のライオンで、古代ギリシアの英雄ヘラクレスが退治しに来ましたが、弓矢やこん棒では歯が立たず、ししの首を三日三晩締めあげて退治したと伝えられています。

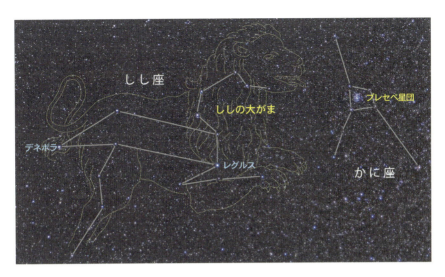

かに座としし座　かに座の東隣にあるしし座。しし座は1等星レグルスから全体をたどっていきましょう。

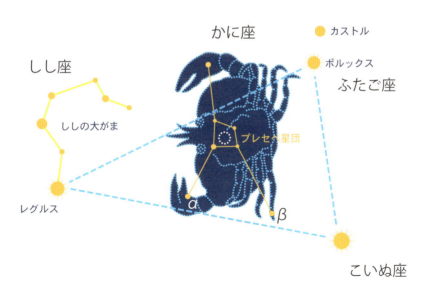

かに座　かに座はしし座のレグルス、ふたご座のポルックス、こいぬ座のプロキオンを結んだ三角の中央に位置します。かに座の台形の中にあるプレセペ星団にも注目です。

ケンタウルス座とおおかみ座
南半球の星座。日本のほとんどの地域からは上半身しか見ることができません。

ケンタウルス座とおおかみ座

　ケンタウルスは半人半馬の怪人で、星座絵では東隣のおおかみ座を槍で突いています。位置的には、からす座からてんびん座付近の南にあり、東西方向には握りこぶし4個もある大きな星座です。しかし、北端でも南の地平線から20°強の高さしかなく、全体を見ることができず、特徴ある形も見つけにくい星座です。ただ、天の川にかかる領域なので、2等星や3等星が多く、それなりに多くの星は見える領域ではあります。ざっくり言って、からす座からてんびん座のはるか南方に星が見えれば、ケンタウルス座とおおかみ座と思えば、大きな間違いではないでしょう。残念なのは、北緯30°以南でないと見えないケンタウルス座の南端に、1等星のα星とβ星があることです。南半球で見るとみなみじゅうじ座（古くはケンタウルス座の一部）とともに頭上高く見ることができます。

　また、ω星団は天体望遠鏡による観測で、星が数十万個も密集する全天で最大級の球状星団だとわかった天体です。

　西暦1006年にはおおかみ座に超新星が現われ、当時は影ができるほど明るかったそうです。現在はその位置に星が爆発した残骸が発見されています。

かんむり座とかみのけ座
星座自体が「散開星団」のかみのけ座、装飾のようなかんむり座は、うしかい座と北斗七星を目印に見つけます。

かんむり座とかみのけ座

　かんむり座はうしかい座の東隣にあり、握りこぶし1個分の範囲にきれいなC字型に並んだ形をしています。南中する頃は高い空に見えますので、空が暗ければ容易に探せます。α星は2等星のアルフェッカで、この星から左右に3等星と4等星が6個ほど円弧を描いています。星を見る限り、ティアラのように見えます。また、真珠のネックレスに見立てれば、その中央に輝くα星がひときわ大きな粒の真珠に見えてきます。

　かみのけ座は、その名前から気になる星座ですね。古くはベレニケのかみのけ座でした。戦から無事に帰国した王を見て、王妃ベレニケが神に感謝してささげた自身の美しい髪の毛が星座になったという伝説があります。位置的には、うしかい座としし座の間にあり、4等星も3個ほどありますが、むしろ5等から6等星が20個以上も群れているのが特徴です。当然、夜空が暗くないと見つけにくい星座です。微光星が多く集まったその様子は、まさにふんわりとした髪の毛のように見えます。

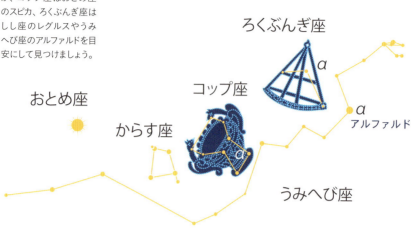

コップ座とろくぶんぎ座
やや見つけにくい星ですが、コップ座はおとめ座のスピカ、ろくぶんぎ座はしし座のレグルスやうみへび座のアルファルドを目安にして見つけましょう。

コップ座とろくぶんぎ座

　コップというと、ふだん私たちが使うような水を飲むコップを想像しますが、この星座のコップは優勝カップのような大きなものです。からす座の西隣にあり、4等星以下の星ばかりでできています。夜空が暗ければちゃんとその形に見える星座です。歴史的にも古くからある星座で、神話に登場するアポロンやヘラクレス、バッカスなどが使っていた物です。隣にからす座があることから、太陽の神アポロンがカラスに水を運ばせるのに使った器かもしれませんし、酒の神バッカスが美味しいワインを飲むときに使っていた器かもしれません。

　ろくぶんぎ座は、握りこぶし1個程度の小さな星座です。α星が4等星で、他の星は5等星以下がまばらにあるのみで、その存在を確かめるのもむずかしい星座です。位置はしし座のレグルスの南、うみへび座のアルファルドのすぐ東です。ろくぶんぎとは六分儀と書く航海道具で、水平線からの星の高さを精密に測定する機器です。星座が作られたのは17世紀で、大海原の旅が冒険であった時代、船の現在地を正確に知ることがたいへん重要でした。六分儀は地球上の緯度を測る道具であり、航海の成功のカギを握るひとつであり、この時代の最先端の科学的な道具だったのです。

わし座
こと座
はくちょう座
さそり座
てんびん座
いて座
へびつかい座
へび座
ヘルクレス座
りゅう座
いるか座
や座

夏の星空

Summer Starry Sky

夏の星座の見つけ方

「夏は夜。月の頃はさらなり、闇もなほ、ほたる飛びちがひたる。」枕草子の春に続いて書かれた文章で、なんとも優雅です。夏の満月は低めの空に見えます。ぼんやり眺めるにはちょうどいい高さに見え、月がなければホタル狩りを楽しんでいたのでしょう。

夜空が充分に暗ければ、南北に流れる見事な天の川を見ることができます。見れば見るほど、天の川に重なる暗黒帯が浮かび上がり、自然界の畏怖を感じます。1609年、天文学者ガリレオ・ガリレイは望遠鏡で天の川を見て、その正体が微光星の集団であることを発見しました。天の川に沿って明るい星も多く、街中でも楽しめる星がいろいろあります。その代表的な星が、七夕伝説に登場する、織女と牽牛、つまりベガとアルタイルです。古来より伝わる七夕伝説は年に一度の逢瀬のチャンス。この日ばかりは誰もが願いがかなうよう、ロマンチックに夜空を見上げます。

作家の宮沢賢治は、作品「銀河鉄道の夜」にて、はくちょう座からみなみじゅうじ座への旅を摩訶不思議な世界に展開して案内してくれます。よくよく調べると、天文の話も正確に含まれているのが驚きです。

夜空の星座を探れば、白鳥や鷲に姿を変え自由奔放に現われるゼウスがいます。ギリシアの英雄ヘラクレスは、なぜか逆さま状態で空に上がっています。大蛇を抱えたアスクレピオスに踏まれ、ケンタウルスのケイロンに弓矢でねらわれる毒サソリは身動きが取れません。逆に、竜が夜空を大きく蛇行しながら舞う様子は、どこへでも行けそうな勢いです。かなりにぎやかな雰囲気がしてくる夏の星座たちです。個人的に、ほっとするのが、天の川から跳ね上がって、こちらを見ている愛らしいイルカの姿です。

夏休みシーズンでもありますから、ときには星空がよく見える暗い場所へ行くこともあるでしょう。そのチャンスを生かすためにも、すこしでも街中で夜空を見上げておくと、星がたくさん見えるところでの星座探しがわかりやすいと気づかされます。夜中過ぎになりますが、毎年8月中旬にはペルセウス座流星群も見られます。ちょうどお盆休みと重なりますので、ご家族で計画的に夜ふかしをして流れ星を探してみれば、子どもたちにとっては素敵な思い出になることでしょう。

夏の星空

☼ 1等星
○ 2等星
○ 3等星
○ 4等星
○ 5等星

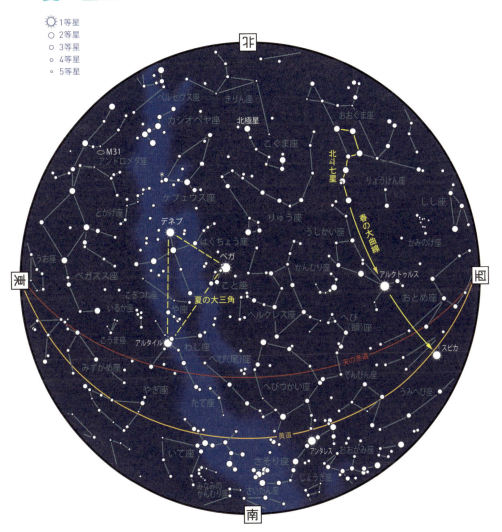

同じ星空が見える時刻

6月上旬 ……… 1時ころ
6月下旬 ……… 0時ころ
7月上旬 ……… 23時ころ
7月下旬 ……… 22時ころ
8月上旬 ……… 21時ころ
8月下旬 ……… 20時ころ

夏の大三角のわし座のアルタイル、こと座のベガ、はくちょう座のデネブが天高く輝いています。南の低空にはさそり座のアンタレスが赤く輝き、S字のカーブを描いていることがわかるでしょう。北の空では北斗七星が水を汲むような傾きでひときわ大きく見えます。

夏の大三角を探そう

　まず、天頂のあたりの空を見上げてみてください。そこには白く輝く1等星、こと座のベガが見つかります。厳密にはベガは0等星の明るさを持つ星ですから、容易に見つかると思います。このベガを基準に南東方向へ握りこぶし3つ半の位置に、わし座の1等星アルタイルがあります。また、ベガから北東方向に握りこぶし2つ半の位置にはくちょう座の1等星デネブがあります。明るい1等星を3つ結ぶと、夏の大三角ができます。三角とはいっても、二等辺三角形なのが、春や冬の大三角と違う点です。また、見える位置はとにかく高く、ベガが南中するとほぼ頭上に見えます。そのとき、アルタイルは南の空、デネブは北の空という感じです。夜空の暗い場所では、はくちょう座が天の川の中にあるのがわかります。この付近から二筋に分かれた天の川はわし座を経て、さらに南方へ流れていきます。

さそり座の1等星・アンタレスを見つけよう

　ベガとアルタイルを一辺とする正三角形を西に向かって作ります。その角付近にある2等星がへびつかい座の α 星ラス・アルハゲで、高度があるので街灯りの中でもよく見えます。

　ベガとラス・アルハゲを結んだ線を大きく南へのばすとアンタレスが見つかります。アンタレスはさそり座の1等星で、南天の空に赤く輝いています。南中高度が30°以上、握りこぶし3つ以上あり、ちょうど見やすい高さです。1等星ですから、街中でもよく見える星です。

　よく見ればアンタレスをはさむように3等星が2つ、人差し指の太さほどの距離にあります。さらにおおよそ東方向へ、2等星から4等星を点々と結ぶと大きなS字形ができます。日本では古く「つりばり星」とよんでいたのも納得できる形です。

　アンタレスとはアンチ・アーレス、アーレスに対抗するものという意味です。アーレスとは火星のことで、大接近するときによくアンタレスのそばに見えます。互いに赤い色を競い合うように見えることから、その名が付きました。

　夏の大三角とさそり座のS字形を基準にすれば、3等星から5等星を中心に星を結ぶといて座の南斗六星、さそりを上から抑え込んでいるへびつかい座、こん棒を振り上げるヘルクレス座などが次々に見つけられるでしょう。

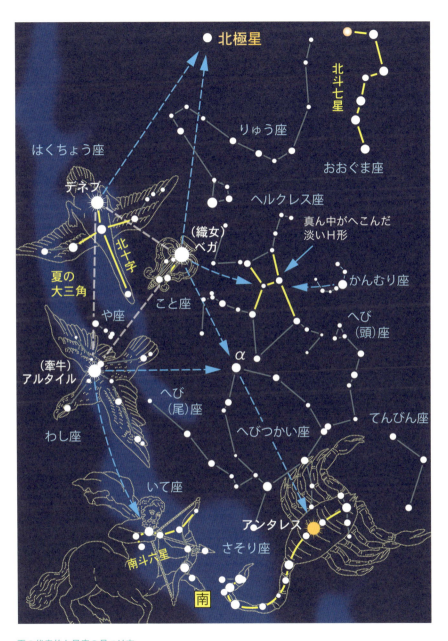

夏の代表的な星座の見つけ方

七夕の星と天の川から宇宙をイメージする

天の川をはさんで織女と牽牛が年に一度だけ逢える七夕伝説は
ご存じですよね。この伝説に登場する七夕の星は、
天の川とあわせて見たいものです。
しかし、現実には天の川を一度も見たことがない人も多いようです。
何かのチャンスに天の川と出会えたら、ぜひじっくりご覧ください。
少しの知識から、自分が広大な宇宙の一部分に存在するということを、
あらためて感じることでしょう。

星空観察POINT

★ 七夕伝説の牽牛星と織女星を天の川とあわせて観察してみましょう。
★ 天の川を見ながら、広大な宇宙の存在を想像してみましょう。

織女星と牽牛星の距離は？

　笹に飾る七夕飾りを作った記憶は多くの人が持っていることと思います。七夕にまつわる伝説は、天の川の両岸に暮らす夫婦である織女と牽牛が、年に一度、七夕の晩にだけ逢うことができるというものです。星空では、こと座のベガが織女星（織姫星）、わし座のアルタイルが牽牛星です。

　織女星と牽牛星は明るい1等星なので、街中でも見つけられるはずです。ところが、街の夜空でこれら七夕の星が見えるとは初めから思っていない人が案外多いのです。七夕の星が見られるこの季節に、街中の空でも少ないながらも星を見ることができ、七夕の星も見えることを、多くの人に知ってほしいですね。

　七夕の2つの星、織姫星と牽牛星は、夏の大三角から簡単に見つけることができます。夏の大三角は、6月は21時過ぎに昇り、7月には宵空の東の空に、8月には宵空高く見え、三角定規に似た形をしています。北緯39°付近の仙台

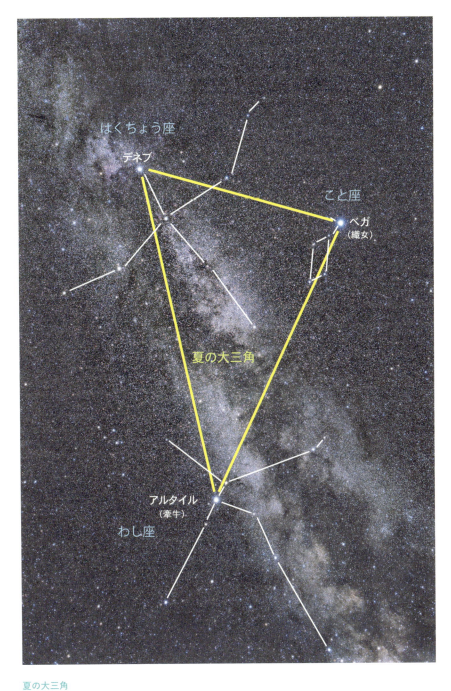

夏の大三角

こと座
こと座の1等星ベガ（織女星）は、竪琴についた宝石を表しています。

のあたりでは、南中時の織女星が天頂を通過するほど高い位置に見えます。

　さて、ロマンチックな織女と牽牛の伝説ですが、実は年に一度会える2人の距離は天文学的には15光年もあるのです。15光年とはどれくらいの距離でしょうか。たとえば国際宇宙ステーション（ISS）の宇宙飛行士とのライブ中継を見ていると地上との会話に少しタイムラグがあります。あのタイムラグが、七夕伝説の2人にとっては30年になるのです。人間の感覚からすれば、果てしない遠距離恋愛です。

天の川をじっくり観察する

　さて、七夕伝説の舞台の天の川ですが、街の夜空から天の川が見えなくなって久しく、その姿を見たことのある人も最近は非常に少なくなっています。もし夜空が充分に暗ければ、伝説どおりに2つの星の間には天の川が見えます。百聞は一見に如かず、実際の夜空で天の川をはさんで織女星と牽牛星が輝く様子を初めて見ると、ちょっとした感動を覚えますよ。

　天の川を初めて見る人はどのように感じるでしょうか。うす雲のようにぼんやり見える方が多いのですが、よくよく見ると、少しざらついたように見えることに気が付かれると思います。

　もし天体望遠鏡があれば最低倍率にして、天の川の中と天の川から外れる

わし座
わし座の1等星のアルタイル（牽牛星）は、アラビア語で「飛ぶ鷲」という意味です。

方向へ向きを変えて観察してみてください。そうすると天の川の方向には無数の微光星が見え、外れるにつれてある場所を境に極端にその数が減るのがわかると思います。天の川とは微光星の集まり、これは400年前にガリレオが発見した天の川の正体です。倍率を少し高くして見れば、天の川には、見れば見るほど微光星があるのがわかります。それに対して、天の川から外れると真っ暗な宇宙しか見えなくなります。この極端な見え方の違いをまず体験してみましょう。

どっちが織女星？

　天の川の両岸に輝くベガとアルタイルですが、ここで質問、「さて、どちらが織女星でしょうか？」。私のプラネタリウム投影のとき、このクイズをよく出題しますが、けっこう盛り上がります。「ベガはひときわ明るく美しく輝き、明るい分だけ力強く見えていますね。アルタイルも負けずに美しく輝いていますが、光の強さは今一歩です」とヒントを一つ。結果、織女星はアルタイルかなと思うのが女性陣です。しかし、正解はベガが織女星です。「やはり、古来よりひときわ明るく輝き、ちょっぴり力があるのが女性なのです」。そんな解説を加えると、納得するのがお父さんと微笑むお母さん。腑に落ちないのが、現実を知らない（？）子どもたちです。実際に星を眺めて、その明る

はくちょう座

はくちょう座
うつくしい白鳥の姿をしていますが、じつは大神ゼウスがスパルタ国の王妃レダに会うために化けた姿といわれています。全体の形が十字架になっており、南十字星に対して北十字（星）ともいいます。

さを確かめてみましょう。

　七夕の頃（7月7日）は、空が充分に暗くなる21時以降が見やすくなります。ちょうど東の空に、織女星が純白に輝くのが印象的です。天の川は牽牛星との間を流れますが、暗黒帯のために二筋に分かれています。本来の七夕は旧暦の7月7日のため、現在では8月にあたります。しかも、実は七夕は秋の年中行事なのです。

天の川を見て宇宙を想像してみよう

　織女星と牽牛星の距離、天の川には微光星が多いことに触れました。次はそこから、宇宙の奥行きをイメージしてみましょう。

　夜空には、1等星のように明るく輝く星もあれば、少し暗い2等星、さらには3等星、そして微光星とさまざまな星の明るさがあります。なぜ、星はそれぞれ明るさ違うのでしょうか。そういうものだと思っていれば何の疑問も持ちませんが、その理由を考えると不思議だと思いませんか。たとえ話として、街灯を思い浮かべてください。目の前にある街灯は新聞が読めるくらいに明るく感じます。でも、遠く離れると次第に光は弱くなっていきます。そんなことは当たり前で、言わずもがなですよね。星もそれと同じなのです。

　ベガのように明るい星は私たちから近い所にあるから明るく見えます。も

真横から見た天の川銀河 夏の夜空に横たわる天の川は円盤状の銀河系です。太陽系はその中心から2万8000光年離れた位置にあり、銀河系の内部から横方向に見えているのが天の川です。

し、ベガを遠くへ移動させてしまえば、その分だけ暗く見えてくるわけです。天の川には、微光星がたくさん見えていました。ということは、距離でいえば、たくさんの星が、遠くまであることになります。天の川から外れると、星数も減り、微光星も減ってきます。これは、遠くの星が少ないということです。さて、このことから宇宙の深さが感じ取れるでしょうか。

　もし、私たちをボールのように、球状に星が取り囲んでいるとすれば、どの方向を見ても、同じように微光星が見えるはずです。ところが実際には微光星の変化から、天の川方向には遠くまで星があり、天の川から外れると遠くまで星がないことがわかります。つまり、星のある世界は平べったい形をしていることになります。

　これは、1784年にイギリスの天文学者ハーシェルが発見した宇宙の形にほかなりません。現在では、星が凸レンズ状に集まった集団を銀河系といい、その大きさは直径10万光年、厚さが1千光年、この中には星が2000億個程度あると推定されています。また、宇宙にはこのような星の集団である銀河が無数にあると考えられています。

　ふつうは情報として知る銀河系の姿が、天の川の観察から想像できることに、ちょっと感動しませんか。わたしたちはいま、その銀河の中にたたずんでおり、その銀河を内側から眺めているのです。

『銀河鉄道の夜』の世界を想像しながら夏の星座をたどっていこう

宮沢賢治の『銀河鉄道の夜』といえば、よく親しまれている文学作品で、読んだことのある方も多いでしょう。
この文学の世界を、実際の夜空の星と結びつけて観察してみると、星座観察のおもしろさも広がります。
ここでは、『銀河鉄道の夜』に描かれた世界に触れながら、夏の代表的な星座を案内してみましょう。

星空観察POINT

★ 銀河鉄道のルートに沿って、天の川を南に向かっていきましょう。
★ 「トパーズとサファイヤ」「双子の星」など、宮沢賢治がたとえた星を観察してみましょう。

始発駅は、はくちょう座のデネブ

　『銀河鉄道の夜』では、列車の出発地は、はくちょう座の"銀河ステーション"です。天の川の中に光り輝く星、はくちょう座のデネブが、その駅舎となります。列車がデネブから天の川に沿って南下し、はくちょう座の南端に来たところで、作品では"名高いアルビレオの観測所"が紹介され、さらに、トパーズとサファイアの玉が回り合っている様子が克明に描かれます。はくちょう座のアルビレオを天体望遠鏡で観察すると、作品で描かれているようにまさにトパーズ色とサファイア色の二重星として見えます。しかし、アルビレオが互いに回り合う連星だとわかったのはごく最近の天文衛星の成果で、6000億kmの間隔があり10万年の周期で公転しています。宮沢賢治の予想は正しかったことが判明したわけですね。

「銀河鉄道の夜」の道すじ　はくちょう座の銀河ステーションを出発し、さそりの火を経てみなみじゅうじ座（南半球の星座）へ向かいます。

　さて、こうして始まる銀河鉄道の旅ですが、ここで、夏の星座めぐりの基本をおさえておきましょう。スタートは1等星のベガ、アルタイル、デネブを結ぶ夏の大三角形です。その中を天の川は南北に流れています。デネブをスタートした銀河鉄道は天の川に沿って南へ向かいます。

　はくちょう座の形は1等星のα星デネブから、ベガとアルタイルの中間にあるβ星を目指し、γ星を経由して直線をのばします。これを縦軸として、さらにγ星から東へε星、西へδ星を結んで横軸とします。でき上がるのは、形がよい大きな十字架、北十字です。星名の意味も興味深く、β星のアルビレオは「くちばし」、γ星のサドルは「胸」、α星のデネブは「尾」です。天の川の上空を大きく羽ばたく白鳥の姿が浮かび上がってくると思います。

　こと座は、学名が「Lyra」で、これは古楽器リラのことです。α星ベガとβ星、γ星を結ぶL字型がその楽器のイメージですが、あまり身近にはない楽器で、小型のハープのような形をしています。

　わし座は、アルタイルからどう星を結んでも、わしの姿を想像するのはむずかしいので、特定の星の連なりをシンボルとして見てみましょう。アルタイルという名の意味は「羽ばたく鷲」で、こと座のベガの名の意味は「落ちる

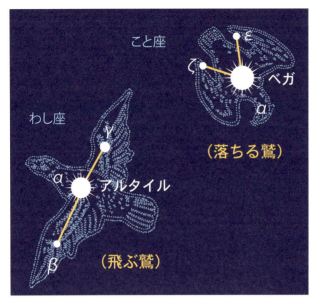

「落ちる鷲」と
「飛翔する鷲」
わし座のアルタイルは「飛ぶ鷲」、こと座のベガは「落ちる鷲」という意味があります。

はくちょう座の二重星アルビレオ
はくちょう座のくちばしにあたる星です。明るく光るオレンジ色の星と、青い小さな星を「銀河鉄道の夜」のなかではトパーズとサファイアにたとえています。

鷲」です。それぞれの近くに3〜4等星が見え、アルタイルはβ星とγ星も含めて直線状に、ベガはϵ星とζ星でV字形に並ぶように結んでみます。この形から、わしが翼を大きく広げて旋回する姿や、翼をたたみ地上の獲物を目指して落ちる姿を想像してください。

　銀河鉄道は、その後さそり座へ向けて天の川を旅していきます。さて、この天の川を皆さんだったらどう表現しますか。私はここに宮沢賢治のすごさを感じずにはいれません。青白くぼうっと光ったけむり（または霞）、たくさんのりんどうの花、中で小さな火が燃えている水晶の集まり、百も千もの大小さまざまの三角標、などです。イメージの豊かさに感心させられます。興味深いのは、狼煙とか、いっぱい列になった黒い鳥、という表現があることです。これは天の川の中にモヤモヤと広がる暗黒帯を指していると思われます。

夏の天の川

「さそりの火」アンタレス

　天の川を一気に南下するとさそり座が見えてきます。目じるしは天の川の西端に赤く光る1等星のα星、アンタレスですね。もし火星が近くに見えるときであれば、その意味が「火星に対抗するもの」であることが説得力を増します。

　さそりの姿は、星の連なりから想像しやすいと思います。詳しくは誕生月の星座（p.26）にありますが、くねるようなS字がサソリを容易に想像させてくれます。宮沢賢治はアンタレスを「さそりの火」と表現しています。あるさそりが生涯を振り返り、後悔の念を募らせ、それが燃えている、という情景にしています。人の正しい生き方の教えを説く話として展開していますが、少々凄みがある話です。アンタレスは南中高度が30°前後で、大気の揺らぎの影響でその瞬きもいっそう大きくなり、まさに爛々と燃えるようです。

さそりの毒針の星付近は双眼鏡でも興味深い

　列車がさそり座へ着く前に、「双子のお星さまのお宮」と書かれた部分が出てきます。この双子はふたご座ではなく、さそり座のλとυ星と思われます。さそりのS字を描いた終点の星で、仲よく東西に並ぶ2等級と3等級の星です。さそりの毒針の位置にあり、天の川の暗黒帯の中にあるのでよく目立ちます。「お宮」とは王宮や神宮などのように、神聖な建物という意味です。ここでは、双子の星が見えるポケット状の暗黒帯のことを指しているのではないでしょうか。

　双眼鏡があれば、ぜひ、この付近を探ってみてください。天の川の圧倒される微光星の海の中に散開星団があちこちに見え、壮観な眺めです。とくにM7は直径が1°もあり、見ごたえがあります。作品の中では、鮭や鱒が水面から跳ね上がって落ちる様子が描かれています。その水しぶき、あるいは丸く広がる波面が、これらの散開星団なのかもしれません。皆さんはどう思われますか？

　このように『銀河鉄道の夜』からは、天の川やその周辺にある天体に対する豊かなイメージを知ることができます。ここではそのいくつかを紹介しましたが、作品を読み込むほどに、その中から星空への想像が広がります。

さそり座とてんびん座
元々てんびん座はさそり座のハサミの部分でした。

さそり座とてんびん座

　さそり座はオリオンを倒すために女神ヘラが放った毒さそりの姿です。その手柄で天に上げられて星座になりました。てんびん座は正義の女神アストライアが持つ善悪を量る天秤の姿だといわれていますが、元はさそり座の一部でした。$α$星はズベン・エル・ゲヌビといい、意味は南の爪です。$β$星はズベン・エス・カマリといい、意味は北の爪です。いずれも、さそり座に由来するものです。

　さそり座もてんびん座も夏の南の空に見えます。あまり空高く昇らないので、南の空が開けた場所で探しましょう。赤く鈍く光る1等星アンタレスがさそり座の目じるし。アンタレスを挟んで西から東にくねるS字カーブがさそりの姿です。てんびん座はさそり座の西側、ひらがなの「く」を鏡に映したような星の並びが目じるしです。

いて座

いて座
いて座の星をていねいにたどっていくと、さそり座にねらいを定め、弓を引いた弓矢を想像できます。

南斗六星

そのほかの夏の星座

いて座

　いて座は、半人半馬のケンタウルス族の賢人ケイロンの姿です。星座の中でもっとも古くから伝わり、弓を引き絞ってサソリをねらう姿になっています。医術、狩猟、体育にすぐれたケイロンは、ヘラクレス（ヘルクレス座）、アスクレピオス（へびつかい座）、カストル（ふたご座）など、ギリシア神話に登場する多くの者たちを育てました。

　誕生月の星座(p.26)でも説明していますが、いて座を探すときは「南斗六星」が目印になります。街中では柄の先が見えず、「南斗五星」の状態で見えてしまいますが、それでも見つかれば上出来です。夜空が充分暗いと、この星座付近が天の川の幅も一番広く、暗黒星雲が複雑に絡み合って見えます。銀河系の中心方向に当たり、それだけたくさんの物質があることを示しています。その中心部は光では決して見通せませんが、電波観測からブラックホールらしき天体があるようです。

へびつかい座
全天のなかでも巨大な星座のひとつです。α星のラス・アルハゲは夏の大三角から見つけやすくなっています。

へびつかい座とへび座

　へびつかい座は、ギリシア神話に出てくる名医アスクレピオスで、ケイロン(いて座)に育てられました。治療を熱心にするあまり、死人までもよみがえらせてしまったことで大神ゼウスを怒らせ、雷に打たれて殺されてしまったといいます。へびは脱皮を繰り返して成長することから、再生のシンボル、医術の象徴的な存在でした。

　へびつかい座を見つけるには、α星ラス・アルハゲをまず見つけることから始めます。ベガとアルタイルを一辺とする正三角形の位置にあり、明るさが2等星ですから、たやすく見つけ出せるでしょう。この星からさそり座にかけて、2等星と3等星で将棋の駒の五角形に結ぶのはむずかしくありません。大きさは握りこぶしで、南北に3個、東西に2個くらいもあります。さらに西側のかんむり座のすぐ南に4等星3個で作るへびの頭があり、へび座α星(コル・セルペンティス：意味は心臓)を経て、へびつかい座五角形の底辺を経由し、アルタイルを目指して尾が伸びています。

　夜空が充分に暗ければ、丹念に星を結べば容易にその姿が想像できます。もし両星座が一つであれば、全天一の大きさになる立派な星座です。

ヘルクレス座
頭部はへびつかい座の頭と接しています。空のなかでは逆さまになっているので、少し見つけにくいかもしれません。

ヘルクレス座

　ギリシア神話の英雄ヘルクレス座です。星座名はヘルクレスと書きますが、一般的にはヘラクレスとよびます。ひざまづき、右手にこん棒、左手には退治したヒドラの首をささげ持つ勇者の姿です。勇者というわりには、女神ヘラの呪いを受けた人生は苦難に満ちており、薄幸の生涯でした。

　それが影響しているのか、星座としても3等星以下の星ばかりでできているので、探すのがむずかしく、街中で見つけるのは厳しいかもしれません。

　こと座とかんむり座の間に位置し、アルクトゥルスとアルタイルの中間ともいえます。目印の星は、へびつかい座のα星の西5°にある、ヘルクレス座3等星のα星ラス・アルゲティ、その意味は「ひざまづくもの」という星です。この星が頭になり、全体の姿は逆さになっています。体の部分である星は、アルファベットのH型に並ぶ星の連なりです。ここまででも、握りこぶし2個以上というかなりの大きさがあります。根気よく、さらに細かな星を結んでいくと、ヒドラを握り、こん棒を持つ英雄ヘラクレスに見えてくるかもしれません。よくできた星座といえるでしょう。

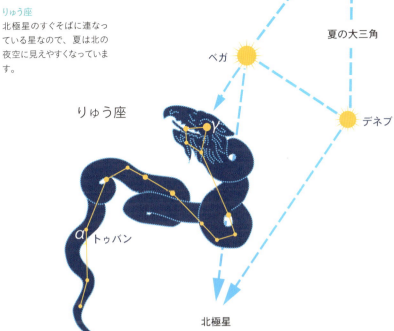

りゅう座
北極星のすぐそばに連なっている星なので、夏は北の夜空に見えやすくなっています。

りゅう座

　天の楽園にある金のリンゴを実らせる樹木の下で、その見張り番役をしていたのがこのりゅうです。本来は百の頭を持ち、順に眠るために必ずいくつかの目が開いているという怪物ですが、ヘラクレスに退治されました。

　こと座のベガから握りこぶし1つ半北西に、2等から4等星でいびつな台形ができ、この部分がりゅうの頭になります。この付近には目立つ星がないので、一度見つければ容易にわかる形です。この台形が見えると4等星まで、その中に星が見えると5.5等星まで見えており、夜空の暗さのバロメータになります。

　夜空が暗ければ、この頭から北東にあるケフェウス座方向へ星をつないだ後、逆方向へこぐま座を取り巻くように点々と星をたどり、最後は北斗七星の口先まで結べます。これもまた、星の並びから姿が想像できる星座です。北天にあるので一年を通じてその一部が見えています。毎年1月4日ごろには、この星座に放射点があるりゅう座ι（イオタ）流星群が見られます。凜（りん）とした星空に現われる流星はひときわ美しく見えます。

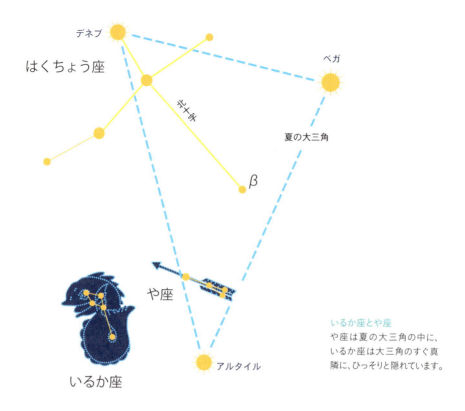

いるか座とや座
や座は夏の大三角の中に、いるか座は大三角のすぐ真隣に、ひっそりと隠れています。

いるか座とや座

　大きな星座が目立つ夏の星座に中に、あまり話題にでない小さな星座もあり、その代表がいるか座です。いるかは海神ポセイドンの使いとされています。いるか座は、わし座のアルタイルから握りこぶし1個ほど東にあり、大きさは握りこぶし半分強ほどの小星座です。4等星程度の星ばかりですが、6個ほど集中しているので案外目立ちます。ちょうど、いるかが天の川からジャンプしたイメージです。

　さらにひと回り小さい星座がや座です。弓矢の矢のことで、キューピットの愛の矢です。星座ははくちょう座 β 星とアルタイルのちょうど中間にあり、4等と5等星が細長いY字形で、まさに矢の形です。この矢は、だれが放ち、どこへ向かっているのでしょうか。いまだ不明のままです。

いるか座とや座

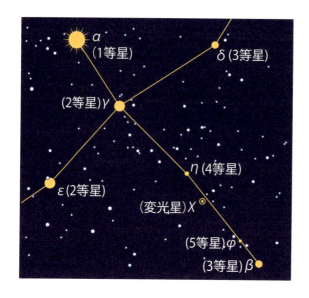

はくちょう座の星の光度
変光星のχ星は、最大高度のときは3.3等まで光ります。そのときは、いつものはくちょう座が少し違って見えるかもしれません。

はくちょう座を使った星の明るさ遊び

　はくちょう座の星で、肉眼で見える星を探してみましょう。α星のデネブが一番明るい1等星、γ星が2等星で、β星が3等星です。ほぼ直線状に並んでいるので、見つけやすいと思います。β星がどれか迷ったら、ベガとアルタイルの中間を目印にすればいいでしょう。ここまで確認できれば3等星が見えています。

　次に、γ星とβ星の中間にあるη星が4等星で、これが見えるかどうかです。街中でも、台風一過のよく晴れた晩に見えたりします。夜空が充分暗ければ、さらにβ星よりのφ星を探してみてください。この星が5等星です。この図を参考に今宵は何等星の星まで見えるのか探してみるのも楽しいものです。η星から指2本分だけβ星よりに真っ赤に光るχ星があります。明るさが400日あまりで3等から14等まで変化する星です。明るく見えると、β星と同じくらいの明るさになるので、はくちょう座の十字形がなんとなく歪んで見えます。

　ちなみに、このη星のすぐ近くにX線を激しく変化させながら放射する天体「はくちょう座X-1」が見つかっており、ブラックホールの候補の第1号となった天体です。

ペガスス座
カシオペヤ座
ケフェウス座
アンドロメダ座
ペルセウス座
くじら座
みずがめ座
みなみのうお座
やぎ座
つる座
ほうおう座

秋の星空

Autumn
Starry Sky

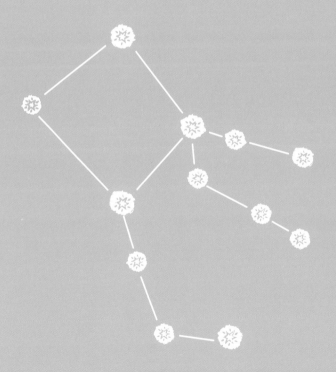

秋の星座の見つけ方

「秋は夕暮。(中略)日入りはてて、風の音、虫の音など、はた言ふべきにあらず」。秋のつるべ落とし、つかの間の夕暮れ時もあっという間に過ぎさります。虫の音も静かに、そよぐ風が草葉を揺らの音も聞こえてくるのでしょう。清少納言は、そんな晩のひとときを楽しんだのでしょう。夜空には、「秋のひとつぼし」もよく見えていたはずです。

また、古来より五穀豊穣を神に感謝する年中行事が、旧暦8月15日の中秋の名月です。近年、年中行事が復活しつつあり、中秋の名月をきっかけに、十六夜の月など日々の変化、月面の模様を想像するなど東洋独自の文化を楽しみたいところです。西洋では、狼男や魔女伝説で月を恐れ、忌み嫌う習慣が対比的でおもしろいと思います。

秋の夜空を見上げると、夏の明るく華やかな星がすっかり西へ傾き、天の川も北の空へ移り、2等から3等星を中心とする星空が大きく広がっています。ポイントとなる星が秋の四辺形とW字形のカシオペヤ座です。秋の四辺形は、首が痛くなるくらい高い場所にあります。よくよく見れば、天を駆ける姿にちゃんと見えるから驚きです。近くに見えるやぎ座やみずがめ座の星は特徴のある形ですが、うお座やくじら座、つる座などはちゃんとその姿が想像できます。

W字形のカシオペヤ座は、伝説の古代エチオピアのケフェウス王の妃の姿です。星座は、ギリシア神話と融合して現在の形に完成されました。その多くは、単独でその姿が夜空に描かれています。ところが、秋の夜空にはエチオピア王家の物語そのものが描かれています。登場人物は、ケフェウス王、カシオペヤ王妃、アンドロメダ姫、ペルセウス王子、天馬ペガサス、メデューサ、化けくじらなどで、秋の星座を総なめする勢いです。これは、ギリシア神話をぜひ読んでから星座探しをすると、興味も深まります。

星座ができた後、アルゴルという変光星が発見されました。星の明るさが変わるとは、人知のおよばぬ先で起こることで、大きな驚きだったに違いありません。偶然ではありますが、アラゴルの位置は星座絵からも不気味な存在感を醸し出す場所にぴたりとはまっているのが不思議です。それらがどこにあるのか、探し出すのも楽しいものです。

秋の星空

☼ 1等星
○ 2等星
○ 3等星
・ 4等星
・ 5等星

同じ星空が見える時刻

12月上旬 ……… 1時ころ
12月下旬 ……… 0時ころ
1月上旬 ……… 23時ころ
1月下旬 ……… 22時ころ
2月上旬 ……… 21時ころ
2月下旬 ……… 20時ころ

街灯りのなかでは少しむずかしいかもしれませんが、天頂付近には秋の四辺形や、カシオペヤ座などが見えています。南の低い空にはみなみのうお座のフォーマルハウトがぽつんと光っています。東の空には冬を告げる星団すばるやオリオン座も昇り、北東の空にはぎょしゃ座のカペラ、北西には夏の大三角がよく見えています。

79

秋の四辺形を探そう

　秋の星座を見つけるにあたってキーポイントとなるのが秋の四辺形です。その位置は、夏の大三角とおうし座の中間あたりで、とにかく天高い所です。大きさは、東西に握りこぶし2個くらい、南北に1個半程度、2等星が3個と3等星で作るほぼ長方形です。偶然にもこの長方形の各辺が東西南北にほぼ沿っており、これから探す星座の道しるべになります。南中時には頭上近くを通過し、街中でも何とか探せる星です。

秋の四辺形から探すおもな星

　秋の四辺形の西側の辺を南へ、握りこぶし4個半（45°）、南の空の見やすい高さ（25°）に1等星がポツンと輝いています。周りには4等星以下の星ばかりなので、文字どおり一人寂しくポツンと輝いていて、「秋のひとつ星」という和名がぴたりとはまる星です。この星はみなみのうお座のフォーマルハウトで、秋の星座では唯一の1等星です。このフォーマルハウトをめざして、みずがめ座から流れ出る二筋の水を表わす3～5等星が連なっています。フォーマルハウトから西側、握りこぶし1個半の範囲の4～5等星を焼き芋のような形にループ状に結ぶと、みなみのうお座になります。

　秋の四辺形の東側の辺を南へ握りこぶし3個（30°）ほど下がると2等星がポツリと見えます。これまた、星数が少ない領域なので見間違うこともないでしょう。くじら座のデネブ・カイトスです。この付近からおうし座のアルデバラン方向へ握りこぶし4個ほどの広い範囲にくじら座が広がっています。

　今度は、秋の四辺形の北の辺をそのまま東方向へ2倍ほど延長してみます。すると、ちょうどいい位置に2等星が二つ見つかります。四辺形の角の星も含めて合計三つが、アンドロメダ座になります。注目すべきは、中央の星から北方向へ握りこぶし1個の位置にM31アンドロメダ銀河があります。見た感じは、うすぼんやりと光のシミのようなイメージです。大きさは満月6個分、明るさは4等星ですが、この数字で見るほど立派には見えないと思います。ただし肉眼で見える天体としては最も遠くにあり、230万光年も彼方にあります。アンドロメダ座と北極星の中間には、北極星を探すときの目印となるカシオペヤ座があります。その形が、2～3等星でつくるW字型としてよく知られていますね。

秋の代表的な星座の見つけ方

ギリシア神話の
エチオピア王家の星座たち

秋も深まるにつれ、空の透明度が増してきます。
天馬ペガサスに跨るペルセウス王子、カシオペヤ王妃とアンドロメダ姫などは、
ギリシア神話に伝わるエチオピア王家の伝説でおなじみの登場人物で、
それぞれが星座にもなっています。
そんなギリシア神話が描かれている秋の星空をめぐってみましょう。

星空観察POINT

★ 秋の四辺形とＷ字形のカシオペヤ座をまちがいなく見つけることが
　大事です。どちらも2等星と3等星で作りますので、
　その位置関係に注意してください。

★ 4等星まで見えれば、ていねいに星を結び付けていくことです。
　そうすれば、天駆けるペガサス、みずがめ座の水の流れ、
　巨大なくじらの姿が浮かび上がります。

秋の四辺形は天駆ける天馬ペガサス

　秋の星空の目じるしは秋の四辺形です。2等星と3等星で作る四辺形ですが、周りがそれ以下の暗い星ばかりなので、その大きさがわかれば見つけやすい目じるしです。

　位置は天頂の近くで、実際には高すぎて見にくい部分になります。星空の位置では、夏の大三角とおうし座の中間あたりになります。先に紹介したとおり、大きさは東西に握りこぶし2個くらい、南北に1個半程度、2等星が3個と3等星で作るほぼ長方形です。四辺形は単純な形だけに、見かけの大きさがイメージできないと、まちがった星を結んでしまいがちです。たとえば、はくちょう座の十字架が入りきらない、カシオペヤ座がちょうど入る、そんな大きさをイメージして探してみてください。

秋の四辺形からたどる秋の星ぼし

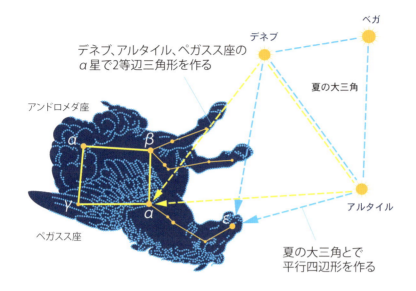

ペガスス座 ペガスス座は、勇者ペルセウスが退治した怪物メデューサの血がふりかかった岩からよみがえった姿です。ペルセウスはこのペガススの背に乗り、メデューサの首を持ち帰ります。

　星座の姿は馬の上半身で、四辺形は馬の胴体部分です。四つの星はペガスス座のα星とβ星は2等星で、γ星は3等星、北東の角はアンドロメダ座のα星から構成されています。首の部分は、ペガスス座α星、ζ星、θ星を結んで作り、さらにε星へと結ぶと頭になります。次に前足2本を見つけます。β星からλ星を経てκ星までが1本目、β星よりη星を経てπ星までが2本目です。星座全体を眺めると、その姿が想像しやすい星座です。もし、南向きで見上げると宙返りした状態ですが、東向きで見上げると天の川を勢いよく駆け上がる馬の姿にイメージできると思います。また、一般的にはペガサスといいますが、星座名はペガスス座になっています。

　ところで、このペガスス座にはなぜか下半身がありません。「下半身が雲に隠れている」、「全体が星空に入りきらなかった」、「誰かが天馬の下半身をかじった」など、珍説奇説があります。

　ほかに、秋の四辺形の中に星がいくつ見えるか探してみましょう。その数によって、何等星までが見えているかが調べられます。1つ見えると4等星、3つ程度見えれば5等星、もっとたくさん見えれば6等星までが見えています。10個以上見える人もまれではありません。

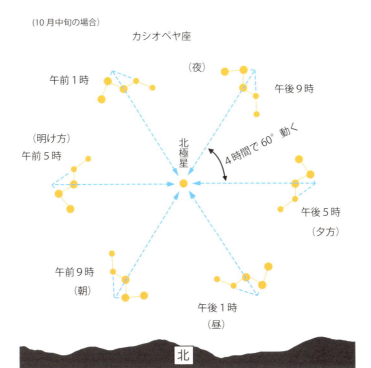

北の空のカシオペヤ座の動き カシオペヤ座も、北斗七星同様、一日中、一年中沈むことがありません。北極星を中心に反時計回りに動いています。1時間で15°、4時間で60°動きますから、時計代わりになります。10月中旬の場合、夕方に北東の空に見え、真夜中近くにもっとも高くなり、明け方に北西の空へと移ります。

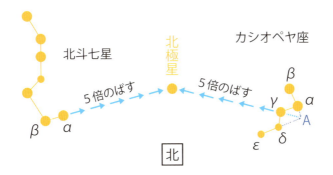

北極星の見つけ方 北斗七星とカシオペヤ座を用いると北極星を見つけることができます。北斗七星の場合はα星とβ星を線で結び、その間隔を5倍伸ばすことで北極星が見つかります。カシオペヤ座の場合はやや複雑で、β星とα星を結んで伸ばした線とε星とδ星を結んで伸ばした線の交点(A)とγ星を結び、その長さを5倍します。

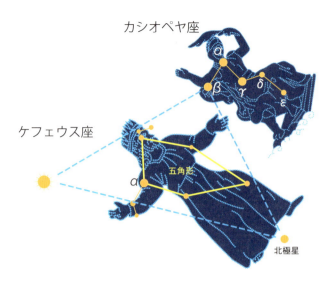

カシオペヤ座とケフェウス座
エチオピアの王ケフェウスとその妃カシオペヤ。カシオペヤ座は「W」のかたち、ケフェウス座は三角屋根のおうちのような五角形が目じるしです。

古代エチオピア王家の人びと

　古代エチオピアの王ケフェウスと、その妃カシオペヤをかたどった星座を探してみましょう。カシオペヤ座は覚えやすいW字形の並びで、形と名前はよく知られています。星の連なりは2等星と3等星からできており、はくちょう座とぎょしゃ座カペラの中間付近、天の川に位置しています。大きさは秋の四辺形の中に入る程度です。ケフェウス座はカシオペヤ座の端のβ星、はくちょう座のデネブ、北極星を結んだ三角の中にひっそりと隠れています。全体的に暗い星ばかりですが、いちばん明るいα星から五角形を作っていくと出来上がります。

　ケフェウス王とカシオペヤ王妃の娘であるアンドロメダ姫は、カシオペヤ座とペガスス座の間にいます。アンドロメダの美しさを海の神ポセイドンに自慢したカシオペヤ王妃は、海の妖精もこの美しさにはかなわないだろう、と発言してしまい、それに怒ったポセイドンはアンドロメダを化けくじら（くじら座）の生贄にしてしまいます。

　アンドロメダ座は秋の四辺形のカシオペヤ座よりの星がα星で、β星、γ星と、ほぼ同じ明るさの2等星が等間隔に並ぶ形が目じるしです。和名の「はたぼし」は秋の四辺形が旗で、旗竿にあたる部分がアンドロメダ座の星です。さらにα星からν星を経てφ星を結び、β星とν星を結ぶとアンドロメダの頭文字の「A」字形になります。想像力を膨らませると女性の立ち姿が見え、

アンドロメダ銀河
アンドロメダ姫の腰のあたりには、わたしたちの住む天の川銀河のお隣さんともいえるアンドロメダ銀河があります。暗い夜空であれば、肉眼でも見ることができる天体です。

アンドロメダ座
化けくじら（くじら座）の生贄となり、海の岩場に鎖で繋がれている様子が星座になっています。偶然通りかかった勇者ペルセウスに助けられ、2人は結婚し、幸せに暮らしたといわれています。

　さらにζ星やλ星を含めると広げた両腕になり、完璧ですね。
　α星はアルフェラッツといい、「馬のへそ」という意味です。つまり本来はペガスス座の星であることがわかります。それにしても、お姫様の頭の星がその名ではちょっとかわいそうかもしれません。
　ν星のすぐ近くには、肉眼で見える最遠の銀河、M31アンドロメダ銀河（距離230万光年）が見えます。天の川が見える空であれば肉眼でぼんやりした光の塊に見えるので、ぜひ見つけてみましょう。うまく見えない場合は、ν星をじっと見つめつつ、視野の端で周りを注意するようにすると見えてきます。これは、人間の視細胞が暗い所では視野の端が認識しやすい特性があるためです。230万年前に発した光をいま肉眼で見ている、という感覚を味わうと、宇宙の広さが感じられて楽しさも増してきますね。

ペルセウス座　退治したメデューサの首を持ち帰る途中、化けくじら（くじら座）に襲われているアンドロメダ姫を見つけて助け出しました。カシオペヤ座γ星、おうし座に位置するプレアデス星団、ぎょしゃ座のカペラを結んだ中に見つけることができます。

英雄ペルセウス王子

　カシオペヤ座とぎょしゃ座のカペラの間、天の川の中に2等から4等星が集中している部分がペルセウス座です。全体が「ヒ」または「人」の字形のように星が並んでいます。ギリシアの英雄ペルセウス王子は、怪物メドゥーサの退治や、アンドロメダ姫を化けクジラから救い出したことで知られます。しかし、星の連なりからその勇姿をイメージすることはむずかしいので、たとえば「ヒ」字形のシンボルで覚ましょう。

　β星はアルゴルといい、その意味は「悪魔の頭」です。星座絵ではペルセウス王子が退治した怪物メデューサの頭の星になります。食変光星として知られ、2日強ほどの周期で1等級ほど暗くなります。周りの星とくらべればその変化もわかりやすい変光星です。また、ペルセウス座とカシオペヤ座の中間付近には、二重星団が肉眼で容易に見えますので、ぜひ確認しましょう。肉眼で確かめてから、望遠鏡などで見れば感激もひとしおです。

くじら座　アンドロメダ姫を襲おうとした怪物ティアマートの姿。β星のデネブ・カイトスから星をたどるのが見つけやすいでしょう。変光星ミラにも注目です。

くじら座（怪物ティアマート）

　くじら座は、わたしたちがふだんから親しんでいるあのクジラではなく、古代エチオピアの王妃カシオペヤの言動に怒った海の神ポセイドンがさしむけた化けくじらティアマートの姿です。アンドロメダ姫を襲おうとしたとき、天馬にまたがった勇者ペルセウスにメデューサの首を見せつけられ、一瞬で石となってしまいました。

　秋の四辺形の東の辺を南へ握りこぶし3個（30°）ほど下がるとβ星のデネブ・カイトスが見えます。この星とη星、ι星を結ぶと逆三角形ができます。これがくじら座の尾の部分です。そこからすぐ東にあるθ、ζ、τ星をたどり、さらに握りこぶし2個ほど北東のところにあるγ、ζ、μ、α星で怪物の頭を作ります。特筆すべきは、心臓の位置にあたるo星「ミラ」です。「不思議な星」という意味のミラは332日の周期で2等から10等の範囲で明るさが大きく変化する変光星です。明るいときは肉眼でも赤い星としてよく見えます。

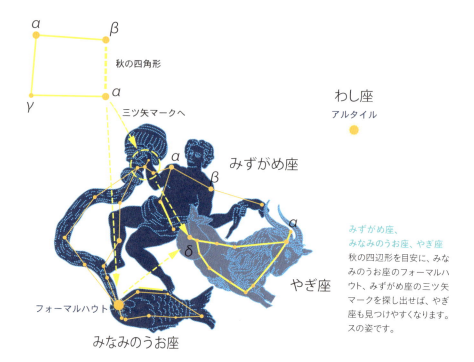

みずがめ座、みなみのうお座、やぎ座
秋の四辺形を目安に、みなみのうお座のフォーマルハウト、みずがめ座の三ツ矢マークを探し出せば、やぎ座も見つけやすくなります。スの姿です。

そのほかの秋の星座

みずがめ座から、みなみのうお座、やぎ座へ

　みずがめを持つガニュメデス、かめから流れ出る水をのむみなみのうお座、下半身が魚のやぎ座。水に関する星座が密集しているこの星ぼしをたどるのは、案外むずかしいものです。とくにみずがめ座は、大きい割には明るい星がないため、街中で見つけるのは苦労します。

　誕生月の星座（p.28）でも説明していますが、みずがめ座とみなみのうお座を見つけるポイントは、三ツ矢マークと、みなみのうお座の1等星フォーマルハウトの2個を見つけることです。三ツ矢はみずがめ座のζ、γ、η、π星を結んでつくるシンボル的な形です。この三ツ矢とフォーマルハウトの対角線がぶつかったところにやぎ座のδ星が見つかります。ちなみに、ベガからアルタイルを経て南へ線をのばせば、やぎ座のα星が見つかります。

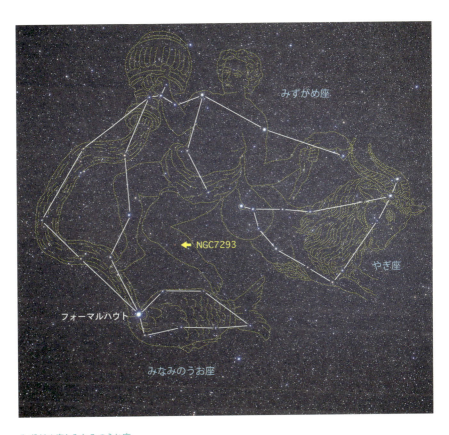

みずがめ座とみなみのうお座

**みずがめ座のらせん星雲
（NGC7293）**
みずがめ座にある惑星状星雲で、見かけの大きさは、満月の半分ほどの大きさがあります。

つる座
南天の星座は16世紀以降につくられたため、つる座はあたらしい星座です。みなみのうお座フォーマルハウトの下にあるα星とβ星が目じるしです。

つる座

　つる座は、みなみのうお座のすぐ南にある星座です。低空までよく晴れた晩、フォーマルハウトが南中するころ、地平線から握りこぶし1個（10°）ほどの高さに意外なほど明かる星が2つ仲良く横に並んで見えます。これがつる座のα星アルナイトとβ星で、ともに2等星です。さらにβ星から北西方向と反対の南東方向へ3等から4等の星が7個、ほぼ等間隔に並んでいます。その長さは握りこぶし2個強もあり、全体の形は十手のような形です。確かに翼をバタつかせている姿に見えます。東京からは、南中時でα星が地平線から高度8°ほど、全体が見える時間はその前後1時間半という限られた時間に見えます。その間、ほぼ地平線を西へ走るように移動し、それは飛び立つ前の助走のように見えます。

　この星座は16世紀以降に作られた星座で、サギ座とかフラミンゴ座という名称もつきましたが、最終的につる座となりました。いずれにせよ、その姿には相通じるものがあります。

ほうおう座
日本のほとんどの地域では上半身までしか見えませんが、星をたどりながら、地平線からいまにも飛び立ちそうな鳳凰の姿を想像してみましょう。

ほうおう座

　ほうおう座は、古代ギリシアの伝説の鳥「不死鳥（フェニックス）」を星座にしたもので、16世紀以降に作られました。自ら巣に火を放ってその身を焼き、灰の中からふたたび生まれ変わるという言い伝えがあります。日本では、桐を宿り木とする神聖な鳥「鳳凰」からその星座名が付けられています。

　先のつる座が西へ傾く頃、バトンタッチをするようにα星ザウラクが南中します。位置的にはくじら座のデネブ・カイトスから南へ握りこぶし2個半の位置です。明るさは2等星で、南中高度も13°あるので、よく晴れた晩なら見つけられる星です。星座の大きさはこのα星から東と南へ握りこぶし2個、ほぼつる座と同じ大きさがあります。3等から4等星も同程度あるのですが、全体の形がつかみにくく、不死鳥あるいは鳳凰にしても、その姿をイメージすることはむずかしい星座です。ざっくり言えば、くじら座のはるか南、低空に星が見えたらほうおう座という感じでしょう。

誰にでも身近な天体「月」

月は誰にとっても身近な天体です。旧暦が使われていた時代は、
月が生活の中で日常的に見られ、親しまれていました。
街中でも、誰にでも見やすいので、月を興味深く見ていきましょう。

星空観察POINT

★ 月が出てくる時間をネットなどで調べ、さらに観察場所の方位も
　確認しておきましょう。方位は、スマホのアプリが便利です。
★ 模様をよく見るには8倍程度の双眼鏡が便利です。クレーターを
　見るには80倍程度の望遠鏡がよく、150倍以上の倍率は不可です。

いろいろな月の名称

　一年の中で月がもっとも注目されるのは「中秋の名月」です。収穫の秋を迎える頃、月を眺めて五穀豊穣を神に感謝する年中行事です。中秋の名月はニュースとして紹介されますので、注目をするチャンスですね。
　旧暦では7月から9月が秋にあたり、8月はその真ん中なので「中秋」です。その意味から「仲秋」という表記は誤りです。旧暦8月15日以降もp.96ページの表のように伝統的な名称があり、月を楽しんでいたことがわかります。また、本来のお月見は、中秋の名月と後の月の2回を見て完結します。片方だけでは「片見月」といい、縁起がよくないそうです。中秋の名月は当然ながら旧暦の日付で決まるので、現在の暦の上では毎年日付が変わります。

知っていますか？　魅力的な「月の出」と「月の没」

　さて、満月後の間もない頃、月の出をじっくり見ると実に美しいことを知っているでしょうか。見る時間帯は日没後からとします。「中秋の名月」は日没前にでてしまいます。「十六夜の月」は日没直後が月の出で、黄昏時には東の空にぽっかりと出ています。「立待月」や「居待月」は、もう少し遅れて月の

月の没の様子 月の出や月の没をじっくり見てみると、月の色の変化やまわりの景色など、刻々と変わっていく様子がとても美しく神秘的なことがわかります。

出になります。

　月の出をじっと見ていると、真っ赤な月が地平線から顔を出し、上昇とともにオレンジ色から黄色へと変化する様子は美しい眺めです。月が出てくる位置も日々大きく変化します。月は肉眼で、都会でも楽しめる身近な天体です。ここでは「月の出」に注目しましたが「月の没」も、あなたなりの「観月」の魅力をぜひ見つけてみてください。

月の海から知る、月の歴史

　中秋の名月の頃に望遠鏡で見る月は、月面全体の模様や光条（表面にクレーターができるときに拡がった噴出物が、放射状の明るい筋となったもの）が楽しめます。月面の変化に富んだ光景は、月の誕生の歴史を感じ取ることができます。望遠鏡の倍率は、月全体が見える最率がよく、少しまぶしいので口径を絞るとか、ムーングラス（望遠鏡の接眼部に取り付けて明るさを減光し、見やすくするもの）を利用するなどの工夫が必要です。

　月は地球と同じように、岩石（隕石）が衝突と合体を繰り返して誕生しまし

いろいろな月の名称

陰暦	月の名称	由来
8月15日	中秋の名月	太陰太陽暦で8月15日の夕方に出る月を中秋の名月とよぶ。単に十五夜といった場合も、中秋の名月を指すことが多い。
8月16日	十六夜（いざよい）	「いざよう」はためらう・躊躇するの意で、十五夜よりも少し遅い時間に、ためらいがちに出てくる月。
8月17日	立待月（たちまちづき）	月の出を待ちわびる習慣で、最初は立って待ち、翌日は座って、翌々日は寝て、さらに翌日は夜が更けるころまで待つことから付けられた名称。このころの月の出の時刻は、日ごとに約40分ずつ遅くなる。
8月18日	居待月（いまちづき）	
8月19日	寝待月（ねまちづき）	
8月20日	更待月（ふけまちづき）	
9月13日	栗名月（くりめいげつ）	とくに陰暦9月13日の月は、後（のち）の月、二夜（ふたや）の月、豆名月、栗名月とよばれる。

た。そうして誕生した月の表面が冷え固まったあとに、巨大隕石が衝突するとどうなるでしょう？ 巨大隕石が衝突すると、大きくて深い穴が開きます。深い穴からは、表面下の溶岩が出て辺りを埋めました。あらためて月の海の形を見てください。ほとんどの海が円形なのは、実は巨大なクレーターだからです。溶岩が冷えてできたので、海は黒く見えます。

　月の海は新しい地形なので陸とくらべてクレーターが少ない地域です。その海に大きな隕石が衝突してできたクレーターが「嵐の大洋」にあるコペルニクスです。コペルニクスから放射状に光の筋が見えます。この筋は隕石の衝突時にはじけ飛んだ物質が筋状に見えているものです。このほかにも光条が見えるか探してみましょう。陸のクレーター「ティコ」からの光条も見事で、満月のころはよく見えます。

　月も地球も約38億年前に、無数のクレーターができました。しかし地球にはクレーターが少ないのはなぜでしょう？　これは、私たちの暮らしの中に答えがあります。たとえば、大きな地震が起こるとどうなるでしょう。大きな台風や大雨などの異常気象は毎年起きていますね。

月の地形のおもな名称 月面上の暗く見える地域を「海」、明るく見える地域を「陸」といいます。その明暗の模様から、いろいろな姿が見えてきます。想像力を働かせ、一度その姿に見えれば自然とそう見えてくるから不思議です。また満月前後は、いくつかのクレーターから光条がよく発達して放射状に見える特徴があります。

　地球は地殻変動や気象現象で表面は絶えず地形が変化しています。一方で、月は小さい天体なので早い時期に冷え固まり、地殻変動もなく、空気がないので気象現象もなく、表面で起きた衝突現象の痕跡がそのまま残ります。そういう目で月面を眺めると、衝突の順番などが見て取れ、興味深く見られることでしょう。

月の模様は何に見える？

　最後にもっと気軽に月を見る方法も紹介しましょう。誰でも知っている月面の模様の見立てです。古来より月の模様がウサギやカニに見えるといわれますが、実際に月を見てそう思った経験のある人は案外少ないようです。カニの姿は想像しやすいのですが、ウサギは有名なわりに見立てはややむずか

カニ

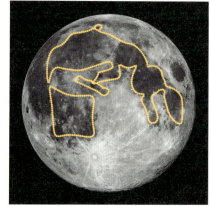

もちをつくウサギ

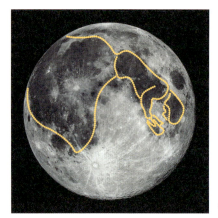

本を読む女性

女性の横顔

しいと思います。「女性の横顔」や「本を読む女性」は案外それらしく見えます。本を読む女性は背中に薪を背負っているようにも見え、「二宮金次郎さん」なんて教えると、興味も増してくるようです。

　この見立ては、皆さんなりにオリジナルな見方をしていただいて、一向にかまいません。子どもは意外な見方をするので、おもしろい見立てが出てくるかもしれません。月をスクリーンやテレビモニターに写してご家族や仲間で見立ててみるのも、おもしろそうです。

オリオン座
おうし座
ぎょしゃ座
ふたご座
おおいぬ座
こいぬ座
うさぎ座
はと座
エリダヌス座

冬の星空

Winter
Starry Sky

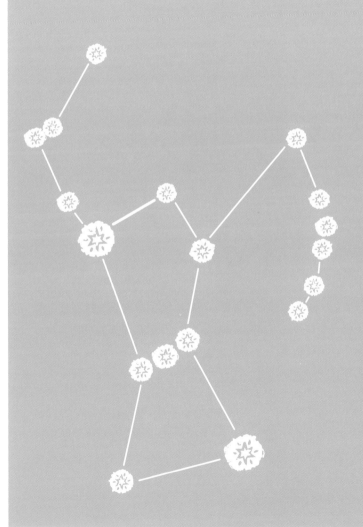

冬の星座の見つけ方

「冬はつとめて。雪の降りたるは、いふべきにもあらず」。清少納言にいわせれば、冬は雪が降るときはもちろん、寒い早朝がいい、ということらしい。冬の早朝、ふつうはそんな考えはなく、布団の中が天国としか思えません。ところが、星を楽しむという状況では合点がいくのです。

冬の夜長、宵空にベガを見送り、ペガスス座やくじら座、冬の大三角、春の大曲線を楽しみ空が白み始めたころ、再びベガと出会うことがあります。そのとき妙な達成感がわきます。一夜にめぐる広い星空を独り占めした気分になれるからです。やはり、星空を十二分に楽しむには冬が一番です。

よく晴れてキーンと冷える晩は星が冴え、カチカチに凍って見えるシリウスの光からは、ピシピシッと凍る音が聞こえるようです。それは、街中の夜空でも同じで、オリオン座の四辺形と三ツ星、冬の大三角、真っ赤な光を放つアルデバラン、金星・銀星こと、ふたご座のカストルとポルックス、オレンジ色のカペラ、いずれもしっかり輝いています。冷えたぶん、空気が乾燥して澄んでいることと、明るい星が一番多く集まっている星空が出ているため、より豪華に見えてきます。

よくよく星を結んでいくと、オリオンと牡牛の戦いは、半端な戦ではないことが見えてきます。シンボル的な形で見るしかないこいぬ座やぎょしゃ座もありますが、よく形作られているおおいぬ座やふたご座、うさぎ座、エリダヌス座も見ものです。さらに、広い視野で見ると、この戦いはくじら座からおおぐま座、しし座、うみへび座まで振り向かせる大きな戦いであることに気付くことでしょう。これこそが、豊かな想像力を持って星座を楽しめる人の醍醐味です。

一方で、天文学的な解釈から、すばる星団やオリオン大星雲、かに星雲などを見ることは、恒星の一生を探る旅であることがわかります。時どきベテルギウスが爆発しそうだというニュースが流れますが、実は当たらずとも遠からずです（p.112参照）。さらに調べれば、私たちの体も、恒星が一生を過ごす変化の結果から生まれた元素でできており、そんな意味でも宇宙は思っている以上に身近な存在です。

また、「ふたご座流星群」も毎年12月中旬に極大を迎えます。一晩中見られ

冬の星空

- ☀ 1等星
- ○ 2等星
- ○ 3等星
- ○ 4等星
- ○ 5等星

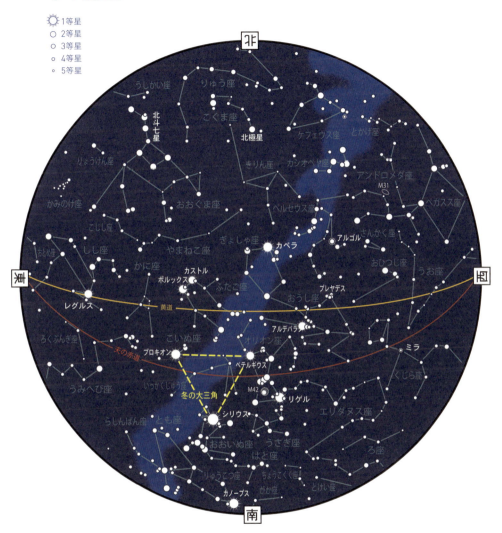

同じ星空が見える時刻

12月上旬	1時ころ
12月下旬	0時ころ
1月上旬	23時ころ
1月下旬	22時ころ
2月上旬	21時ころ
2月下旬	20時ころ

華やかで明るい星が多い冬の星座。シリウス、プロキオン、ベテルギウス、リゲル、アルデバラン、カペラ、ポルックスはとくに明るい星ですので、探してみましょう。それができると、各星座の星の連なりも見やすくなります。北西にはカシオペヤ座もあります。見通しのきく場所で、北緯が36°以南であれば、りゅうこつ座のカノープスが見えるかもしれません。

る流星群なので、防寒着をしっかり装備して、観察してみましょう。

　同じ夜空を見上げるにしても、星座を生み出した古代人の豊な想像力にせまる星座の旅、あるいは星の一生を探る旅など、夜長な冬の晩にどうぞお楽しみください。

まずはオリオン座を見つけよう

　星座の中でもっともよく知られる星座、オリオン座をまず見つけましょう。ベテルギウスとリゲルという2つの1等星を含む長方形、その中央にある「三ツ星」という星の連なりは、非常に見つけやすい星の並びです。三ツ星のすぐ下に3等から4等星が南北に並び、いわゆる「小三ツ星」を作っています。小三ツ星の中央がぼんやりとしているのが見えると、それがM42オリオン大星雲です。

冬の大三角形と冬のダイヤモンド

　オリオン座の三ツ星を南方向へ下がると、ひときわ明るく輝くおおいぬ座の1等星のシリウスが見つかります。このシリウスとベテルギウス、さらにこいぬ座の1等星プロキオンを加えると冬の大三角が出来上がります。見事な正三角形なので、見間違えることはないでしょう。

　オリオン座の三ツ星を北方向へまっすぐ延長すると、オレンジ色に輝く1等星がすぐに見つかります。おうし座のアルデバランで、血走ったおうしの眼を表わしています。その辺り、握りこぶし半分（約5°）の範囲にあるV字形の星の連なりがヒヤデス星団で牛の顔に相当します。三ツ星からの延長線をさらにのばすと、ほどなく「プレヤデス星団（すばる）」も見つかることでしょう。

　冬の大三角のうち、シリウスのみを持ち上げるイメージで、反対側に三角形をひっくり返してみてください。そのあたりに1等星と2等星があります。「金星・銀星」ともいう、ふたご座のカストルとポルックスです。この二つの星からオリオンの頭方向へ、3等星を中心にほぼ平行に並ぶ2列の星ぼしがふたご座になります。

　ふたご座とおうし座の間の北側にはぎょしゃ座があります。1等星カペラを含む5つの星でつくる五角形が目じるしです。冬のおもな星座にはどれも1等星が含まれています。ベテルギウスを囲んだ6個の星で作る六角形を冬のダイヤモンドといい、冬の星座が確認できるいい目じるしになります。

冬の代表的な星座の見つけ方

おうし座とプレヤデス星団
「すばる」から冬の星ぼしへ

おうし座の見つけ方は誕生月の星座（p.20）で紹介したとおりです。
星空で眺めると、オリオンを上のほうから睨（にら）み、
今まさに襲おうとする牡牛の姿は迫力があります。
きっと闘牛用の牛に違いありません。この星座には、
二つの大きな星団がありますので、じっくりと探ってみましょう。

星空観察POINT

★ 周囲が暗ければ暗いほど、星団は見つけやすくなります。
　 星がいくつあるか数えてみましょう。
★ 冬の代表的な星座をおうし座からスムーズにたどってみましょう。

星をいくつ数えられる？ 星団すばる

　おうし座のプレヤデス星団の和名は「すばる」で、すばるは冬を告げる星団です。しかし、知名度が高いわりに、実際のすばるを見たことがある人はまれです。よく晴れた晩なら街中でも探せますので、ぜひチャレンジしてみてください。

　冬の星座の代表がオリオン座で、多くの人はすぐに探し出せます。その形を確認したら、中央にある三ツ星を北方向に延長し、赤く光るおうし座のα（アルファ）星アルデバランを探します。これが牡牛の眼です。アルデバランを牡牛の眼と見立てて見るとV字形に星が連なり、牡牛の顔の部分が見えてきます。この星の連なりが単なる見かけだけでなく、実際にも同じ仲間であることがわかっており、ヒヤデス星団といいます。仲間である理由は、オリオン座の東方向へ同じ速さで移動するからで、運動星団ともいいます。おそらく同じ場所で誕生した兄弟の星ぼしです。ただし、アルデバランだけはその動きが別なので、たまたまヒヤデス星団と重なって見えているにすぎません。

プレヤデス星団（すばる）　望遠鏡で見るプレヤデス星団は、まるで青い宝石のようです。肉眼で星がいくつ見えるかは、視力検査をしているようなものです。ぜひ、自宅の空で調べてみましょう。

　三ツ星からアルデバランへの延長線をさらにのばした先に星団すばるがあります。見かけは、ぼんやりした大きな星に見えたりしますが、よくよく見ればいくつかの星に見えてきます。星がいくつ見えるか数えてみましょう。これは視力以外に、星空の暗さや透明度にもよりますが、3〜4個の星に見るのはむずかしいことではありません。古くはムツラボシとかナナツボシといったように、暗い夜空なら7個やそれ以上に見える人もまれではありませんでした。一度肉眼で見つけることができれば、つぎに星空を見上げたときはこの星団をすぐに見つけることができるはずです。

　可能であれば、さらに7倍程度の双眼鏡とか、最低倍率（20倍程度）の望遠鏡でも見てください。双眼鏡では星が集まっている姿がかわいらしく、星の並びが自動車メーカーのスバルのマークになっているのがわかります。最低倍率にした望遠鏡で見ると宝石をまき散らしたようにたくさんの星が瞬き、人びとを魅了します。ただし、40倍以上にすると星が散らばり過ぎて、その美しさが伝わりませんので、要注意です。

　星座神話では、プレヤデスの7人姉妹が暴れん坊のオリオンに追いかけられ、逃げる姉妹をゼウスが鳩に変え、さらには星にして天に上げたのがプレヤデスになり、今なおオリオンはプレヤデスを追っています。

ぎょしゃ座とふたご座 おうし座とぎょしゃ座はつながっており、β星を共有しています。ふたご座はぎょしゃ座のカペラとこいぬ座のプロキオンを使うと見つけやすいです。

ぎょしゃ座、ふたご座へ

　おうし座の北隣にはぎょしゃ座があります。α星は1等星のカペラで、実際の明るさは0等級もありますから、およその見当がつけばすぐに見つかる星です。その位置はアルデバランから握りこぶし3個分（30°）北のところで、北極星に一番近い位置のため、時間帯を問わなければ1年中見える1等星です。黄色くに輝くのも印象的です。星座の形は五角形が目じるしです。とても馭者の姿には見えず、シンボルとして五角形や、将棋の駒と覚えるといいでしょう。注目したいのは、α星のそばにあるζ星とη星です。星名では、カペラ（雌ヤギ）、ζ星ホエドゥス・プリスム（子ヤギ）、η星ホエドゥス・セクンドゥス（第二の子ヤギ）となっています。古星図を見ると、馭者が母ヤギと二匹の子ヤギをしっかり抱いている姿が描かれています。

　ふたご座は誕生月の星座（p.20）で詳しく説明していますが、ぎょしゃ座からの見つけ方は、カペラから南東へ握りこぶし2個（20°）ほど下ると、白く輝くカストル（α星）、オレンジ色に光る星ポルックス（β星）が並んでいます。

　ふたご座の下には冬の大三角があり、オリオン座やおおいぬ座につながっていきます。ここからまた、ほかの星ぼしをたどっていきましょう。

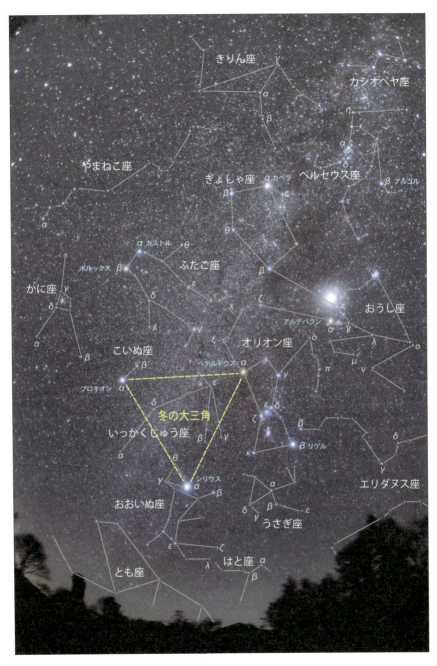

冬の星座

オリオン座でみる星の誕生と死

誰もが知っている星座の代表、オリオン座。
星の一生が詰まっているこの星座に注目してみましょう。
オリオン座の三ツ星や恒星についてや、星雲の正体などもご紹介します。

星空観察POINT

★ オリオン座の三ツ星や恒星、さらに星雲まで、
　観察ポイントを広げていきましょう。
★ それぞれの星の誕生や、星の一生についての科学的なことも意識して
　観察してみましょう。

なぜわかる？ 星の一生

　星にも一生があり、オリオン大星雲M42は星が誕生する場として知られています。美しい星雲としてだけでなく、星が成長していく過程、いわば星が一生を過ごす中でポイントとなる瞬間をかいま見ることができます。
　星の寿命はさまざまで、数100万年から100億年を超す星まであります。なんて言うと、どうしてそれがわかるのですか？ と聞かれることがあります。人間の寿命を超えた時間の話ですから、なるほどという合点はなかなか得にくいものです。こんなときは、恒星進化論を説明するよりも、その考え方を説明したほうがわかりやすくなります。
　たとえば、町を行く人1000人くらいを集め、身長や体重、肌の具合やシワの数などを調べて分類したとしましょう。それによって、人の年齢による変化（＝一生）がある程度わかってきます。星も同じで、たくさんの星を調べることで、星の一生がわかってくるのです。
　オリオン座の奥深さを知っていくと、当たり前のように存在するこの星座の見方も変わるかもしれません。

オリオン座

オリオン大星雲は何色？

　冬の星座で、「長方形に並ぶ星とその中にある三ツ星」といえば、多くの方がオリオン座だとわかります。木枯らしが吹いて星がきれいに見える晩、町の明るい夜空でも三ツ星の下にある小三ツ星や、その中央にぼんやりと星雲があることがわかります。その星雲は散光星雲のオリオン大星雲M42です。観望会のときなど、その位置をていねいにピンポイントで示すことで、星雲が肉眼で見える、ということに感激してもらえることがあります。

　オリオン大星雲は、天体写真では赤く大きく広がるガス星雲として人気があります。しかし、口径の大きな望遠鏡で見ても、赤く見えることはありません。むしろ、淡い緑色に見えるように私は感じます。もし、何人かで見るチャンスがありましたら、色について感想を聞くとおもしろいと思います。どうも弱い光の色を感じる能力は、生まれたときからのもののようです。多くの方は色を感じなくても、その能力を発揮する方がいるから不思議です。

星のゆりかご

　オリオン大星雲を望遠鏡で見るときは、淡い星雲を見るので倍率は低めの40～80倍くらいを選びます。夜空が暗い場所なら、全体の形は鳥が羽を広げた姿に見えます。また、これに重なって星も散開星団のように見えています。夜空が明るい場所では鳥の羽の部分が見えず、星団の中心部にガス星雲がわずかに見える程度です。星団の中心にはトラペジウムという4つの星があります。若くて表面温度が非常に高い星で、ここから出る紫外線を受けたガスが輝いているのがオリオン大星雲だといいます。わずか6等星のトラペジウムに対して、星雲があまりにも大きく見えるのでちょっとした驚きです。トラペジウムは年齢が数100万歳で、同年代の星がほかにも近くにあります。つまり、星がある時期にたくさん誕生した結果です。

　ここで、ごく簡単に星の誕生について説明しておきましょう。星はガスなどの物質が広がろうとする力と重力により集まろうとする力のバランスの中から生まれてきます。多くの物質が重力で集まるとその中心部の温度が上がり、やがて星として輝き始めます。オリオン大星雲は重力により集まってきたガス星雲で、将来の星になる原材料にほかなりません。さらに濃く集まった部分は暗黒星雲となります。

M42オリオン大星雲
空気が澄み切っていると、小三ツ星の中央にぼんやりと浮かんでいるのが見えます。望遠鏡で見ると、鳥が羽ばたいているような美しい姿を見ることができます。

　ハッブル宇宙望遠鏡は、このトラペジウムの周りに、塵の円盤を持つ星の卵が多数あることを明らかにしました。まさに、ここは「星のゆりかご」というべきところで、将来にわたり多くの星が誕生する場所です。

星の卵の卵？ 暗黒星雲

　暗黒星雲は、名前からわかるように通常は見えず、唯一、背後に光がある場合にのみシルエットとして見えてきます。機会があればこの暗黒星雲をぜひ見てみましょう。たとえばM42オリオン大星雲の鳥の形で、頭と体の間には明らかに黒い場所、つまり暗黒星雲が見えます。夜空が暗ければ、羽の部分を見ると実に興味深いものがあります。初めは全体が薄明るく見えますが、じっと見ていると全体に大きなモヤモヤしたものがあることが見えてきます。このようなモヤこそが暗黒星雲で将来の星へと進化していくきっかけになるものです。また、ζ星(ゼータ)のところにも巨大な暗黒星雲があり、その一部は馬頭星雲として写真でその姿を見ることができます。

　まとめると、オリオン大星雲は、星の原材料であるガスが多数あり、それが濃く集まった暗黒星雲、星の卵、若い星のトラペジウムという具合に、星が誕生してくる姿を垣間見ることができる星雲なのです。

　将来的には、トラペジウムの星たちも星雲から離れ、三ツ星のようにふつうの星として見えてくることでしょう。

老星ベテルギウス
冬の大三角の一部でもあるオリオン座のベテルギウス。近い将来、大爆発を起こし、昼間でも見えるほどの輝きを見せるといわれています。

老星ベテルギウス

　ふつうの星として光り輝く星も、いつかは燃料を使い果たし星としての寿命を終えるときがあります。重力と内部の圧力が不安定になり、星の大きさが膨らんだり縮んだりします。赤色巨星という星で、くじら座のミラがこの状態です。やがて、内部がさらに熱くなり圧力が上がると星はさらに膨張して赤くなり、赤色超巨星になります。さそり座のアンタレスやオリオン座のベテルギウスがこの状態です。

　その後、永遠に膨張する部分と白色矮星に分かれる場合、超新星爆発を起こして星の多くの部分が吹き飛び中性子星やブラックホールが残る場合などでその生涯を終えます。

　オリオン座にはバーナードループという、弧を描くガス星雲があります。これは超新星の残骸で、約200万年近く前に超新星爆発が起きた結果と考えられています。円弧の中心がオリオン大星雲あたりにあることから、爆発した星はオリオン大星雲で生まれたのかもしれません。

　ベテルギウスは、将来は超新星爆発を起こす候補です。そのときには半月よりも明るく輝き、昼間でも見えるであろうと予測されています。距離が642光年と見積もられており、私たちが見ている姿は642年前の姿になります。今、この瞬間にベテルギウスがどうなっているのかは、誰にもわかりません。もしかすると、すでに超新星爆発を起こしているかもしれません。

かに星雲M1
爆発を起こし、死を迎えた後の星雲として有名です。当時（1054年）の爆発による輝きは、藤原定家「明月記」だけでなく、世界各地で記録されています。

爆発した星の残骸、かに星雲

　星が誕生する星雲もあれば、星が死を迎えた後の星雲もあります。その代表的な天体がかに星雲（M1）です。小さいですが、街灯りがあっても比較的見つけやすい天体です。

　星雲はおうし座のζ星(ゼータ)（角の先）の近くにあります。小型望遠鏡でもその形がひし形に見え、見つけやすい星雲です。これを見ただけではおもしろみに欠けますが、印象深い誕生ストーリーをご紹介します。

　この星雲にはほかの天体にはないフィラメント状の構造があることが大望遠鏡による観測でわかっていました。そして昭和9年、鎌倉時代の歌人、藤原定家の明月記にある「客星(かくせい)」の記録が海外に紹介され話題になりました。記録では「1054年に木星のように明るい客星（新星）が出た」と記述されていますが、その位置はまさにかに星雲の位置だったのです。

　つまり、1054年に星が最期の超新星爆発を起こし、そのときの光が客星として記録に残り、吹き飛んだガスの塊が広がって現在のかに星雲になったわけです。星雲自体は今なお秒速1500kmという猛スピードで膨張中です。その中心部には、爆発を起こした星の中心部が圧縮された中性子星として残り、1秒間に33回も自転するパルサーという星としてのちに発見されました。

　ちなみに中性子星はスプーン一杯が約10万tの重さがある、という特異な星です。

そのほかの冬の星座

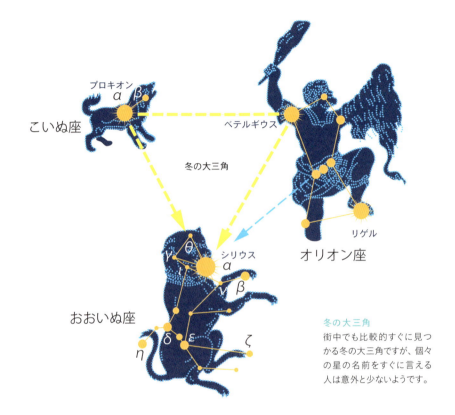

冬の大三角
街中でも比較的すぐに見つかる冬の大三角ですが、個々の星の名前をすぐに言える人は意外と少ないようです。

冬の大三角と2匹の犬、おおいぬ座、こいぬ座

　オリオン座の三ツ星を左下（南東方向）へのばすと、全天でもっとも明るい1等星のシリウスが輝いています。さらに、ベテルギウスとシリウスを一辺とする逆さの正三角形を作ってみます。白く光るプロキオンが自然と見つかることでしょう。これが冬の大三角です。
　シリウスはおおいぬ座のα星で、この星座もまた星の連なりが見事で、4等星以上の明るい星を結ぶと犬が立ち上がった姿に見えます。α星、θ星、γ星で犬の頭ができます。ι星、δ星、ε星、ν星で胴体です。ν星とβ星で前足、ε星とζ星で後足です。δ星とη星を結べば尻尾までできます。
　一方、プロキオンはこいぬ座のα星ですが、ほかにはβ星などがあるだけで、

冬の1等星の色

カペラ　　　　　　　　リゲル

シリウス　　　　　　　プロキオン

星の連なりから犬の姿を想像することはまずできません。しかし、プロキオンも明るい1等星でよく目につき、こいぬ座という星座名も親しみやすいので、この星座は、冬の大三角を構成する一つとしてシンボル的に覚えておけばいいでしょう。

シリウスBを探してみよう

　シリウスはとても明るいので、古くから注目され、いろいろな発見がありました。古代エジプトの時代では、日の出直前にシリウスが見える周期から1年の長さが365.25日であることを突き止め、ナイル川の氾濫の予測をしました。近代に入り、星の固有運動や伴星（ばんせい）の発見もあります。

　この伴星というのは、シリウスの周りをまわるお供の星のことで、シリウスBといいます。当初は予測され、1862年に発見されました。周期は50年です。シリウスがあまりにも明るいため観察はシリウスからなるべく離れたときに限られます。2015年頃から離角が角度の10″を超え、今はその好期に来ています。なるべく大きな口径の望遠鏡で、気流のいい時期に見てみたいものです。

うさぎ座とはと座

オリオン座の下に隠れるようにして存在しているのが、うさぎ座とはと座。うさぎ座は耳の部分まで正確に結べば、うさぎの姿を想像しやすいでしょう。はと座は、オリーブの枝をくわえている姿として描かれています。

うさぎ座とはと座

　うさぎ座を見つけるには、オリオン座が南中のタイミングで観察することが、1つのポイントです。オリオン座から握りこぶし1個ほど南へ下がった位置にあり、握りこぶしよりやや大きいサイズです。姿は耳を立ててうずくまる様子をイメージしてください。オリオン座の小三ツ星からまっすぐに下がった方向に3等星が2つ、三ツ星ほどの距離を置いて縦に並んでいます。これがうさぎ座のα星とβ星で胴体の中心部分です。さらにμ星からλ星、μ星からκ星が両耳です。β星からε星が前足、という感じで結んでいけば、じっと隠れるような姿をしたウサギが見えてきます。オリオンに見つからぬように、じっと潜んでいるのでしょう。一度見つけられると、次からは楽に探すことができ、うさぎの姿も想像しやすい星座です。

　はと座は、さらに握りこぶし1個半（15°）南へ下がると3等星が2つ、うさぎ座のα星とβ星と同じほどの距離を置いてほぼ横に並んでいます。ちょうどおおいぬ座の後ろ足の前方の位置です。地平線から20°くらいの高度があり、見つけやすい高さです。近くに4等星がいくつかありますが、印象的な形に作るのはむずかしいです。

エリダヌス座
オリオン座のリゲル付近から流れるこの川の終点アケルナルは、日本のほとんどの地域では見ることができません。九州より南へ行く機会があれば、ぜひ終点までつないでみましょう。

エリダヌス座

　神話によると、エリダヌスは川の神の名であり、琥珀が取れた川の名として伝わっています。星座でも、その名のとおり延々と流れるエリダヌス川です。
　エリダヌス川の源泉はこの星座のβ星で、オリオン座のリゲルの北へ指3本（3°）の位置にある3等星です。この星から、西のくじら座を目指してγ星を経てη星へ合計で握りこぶし3個（30°）、さらに南へτ³星まで握りこぶし1個半（15°）、次は南東へν¹星まで握りこぶし3個（30°）、また南西へι星まで握りこぶし2個半（25°）、次は南へ、という具合に蛇行しながら4等星前後の星を点々と結びつけていきます。最終到達点は「川の果て」という意味の1等星アケルナルがα星として輝いています。ただし、北緯32°以南の場所からでないとアケルナルを見ることができず、日本のほとんどの地域では、地平線下の星を想像するしかありません。
　夜空の暗いところで丹念に星をつないでいくと、その大きさにちょっとした感動を覚えます。だいぶ昔、オーストラリアでこの星座の全容を初めて見たときは、0等星で輝くアケルナルがまぶしく見えたのが印象的でした。

冬の星空で見られる星の表面温度

星名	星座名	表面温度（K）	色
リゲル	オリオン座	12000	青白
シリウス	おおいぬ座	10000	白
カストル	ふたご座	10000	白
プロキオン	こいぬ座	6600	黄白
カペラ	ぎょしゃ座	5600	黄
ポルックス	ふたご座	5300	オレンジ
アルデバラン	おうし座	4400	赤
ベテルギウス	オリオン座	3800	赤

カラフルな星の色

　冬の星空には1等星が多く、その色の違いがよくわかるので注目して見てください。青白い星がシリウスやリゲルで、赤い星はベテルギウス、アルデバランなどです。望遠鏡で見くらべると、いっそう色の違いがわかっておもしろく感じると思います。

　なぜ星にはいろいろな色があるのでしょう。それは星の表面温度の違いにあります。表面温度が高いほど青白く見えます。文章では、この星の色は赤とかオレンジと書いていますが、実際には感じる色に個人差がかなりあります。ある星が何色に見えるかというよりは、星を比較して色の違いがあることに気が付くことが大事かと思います。さらに、星の表面温度を具体的な数値でもくらべることで、興味はさらに深まると思います。

星空のキャンバスに描かれた星座たち

　冬の星空を眺めると、私には次のようなストーリーが見えてきます。こん棒を振り上げる狩人オリオンと角を前に突き出す牡牛が死闘を繰り広げ、その戦いを見守っているのが大犬と小犬、そして双子の兄弟や馭者（ぎょしゃ）です。よく見れば、東の空の一角獣（いっかくじゅう）、うみへび、しし、おおぐま、西の空ではくじら、牡羊（おひつじ）もです。じっと草むらに潜み、聞き耳を立てているウサギの姿も見えます。みんな、戦いを心配しているように見えます。ほかの季節の星空でも独自のストーリーが作れそうです。科学的な知識で星空を見る楽しみもありますが、同時に星座は想像と空想の世界です。古代の人々が想像したように、皆さんにも自由に星空を楽しんでもらいたいと願っております。

そのほかの星

Other Starry Sky

惑星

星空を眺めていると、星座早見や星図に載っていない星が見えていることがあります。これはたいていの場合惑星です。惑星は黄道に沿って動くので、黄道十二星座の中に明るい星が見えていたら、惑星だと思っていいでしょう。とくに真夜中であれば、火星、木星、土星のいずれかでしょう。恒星は規則的に星空を動いていますが、惑星は惑わすように位置を変えていたので惑星とよばれました。惑星は、星座の中で毎日位置を変えていますが、これは太陽の周りを回っている地球から、同じく太陽の周りを回る惑星を見ているからで、見かけ上での動きになります。

水星と金星

　水星と金星は、天体望遠鏡で見ると月のように満ち欠けをして見えます。水星は、いつも太陽のすぐ近くに見える惑星で、日没後間もない西の空か、日の出前の東の空で見ることができます。

　金星も水星同様、宵もしくは明け方に見え、真夜中には見えることはありません。金星は、宵の明星や明けの明星として知られていますが、もっとも明るいときには－4.7等になります。これは1等星の約100倍もの明るさになり、昼間の青空の中に肉眼で見ることができます。

火星

　火星はおよそ2年2ヵ月ごとに地球との接近をくり返します。2018年7月31日には地球に約5760万kmまで大接近します。ふだんはあまり明るくない火星ですが、地球に接近してくると夜空にひときわ赤い星として輝き、夜空が明るい街中でも人目を引く存在になります。

木星

　星空の中で、木星は－2等級と明るく輝き、その存在もはっきりわかります。太陽系の惑星でいちばん大きく重い木星には衛星がたくさんあります。なか

水星と金星の満ち欠け

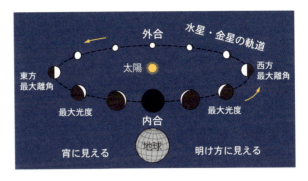

外惑星の星空の中での動き

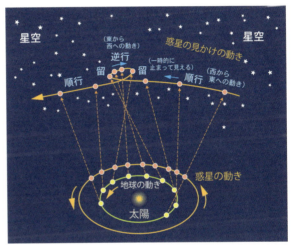

でもガリレオ衛星あるいは四大衛星とよばれる4個（イオ、エウロパ、ガニメデ、カリスト）は、双眼鏡や口径の小さな天体望遠鏡でもその姿を見ることができます。時間をかけて観察するとガリレオ衛星や木星本体の縞模様などが動く様子がわかります。もし公共天文台などの大型望遠鏡で木星をのぞくとビックリするほど多くの縞模様が見えます。

土星

　土星は、およそ30年で星座をひとめぐりします。その間15年ごとに、地球から土星の環を真横から見た状態になり、土星の環が見えない「環の消失」が起こります。2017年には環がもっとも大きく開いた状態になり、次回の環の消失は2025年に起こります。

流星群

「流星群のニュースを聞いたのですが、いつ、どこで見えますか？」と聞かれることがよくあります。
子どもたちも「今度、流れ星を見てみたいです」と期待を寄せ、
流星群は多くの人の関心を集める天文現象です。
しかし、関心が高いわりに、流星群の見方を知る人は少ないようです。
流星は一瞬のうちに現われ、消えていきますが、
観察のポイントをしっかり押さえれば、比較的見やすい天文現象です。

星空観察POINT

★ 流星群がいつ起こるか、また、どういう場所で観察するかあらかじめ決めておき、天候などもチェックしておきましょう。
★ 流星群を見るためには、長時間、星空を見ていることが大切です。シートを敷いて寝転がるなど、長時間観測しやすい方法が必要です。

年中行事として楽しめる流星群

　星が瞬く静かな星空に、ふと一筋の流れ星が見えたとき、何か得した気分になります。しかし、さらにもう一つと思っても、なかなか思いどおりに現われないのが流れ星です。流星の出現頻度を統計的に調べると1時間に数個は現われるはずなのですが、町の明るい夜空で流れ星を見つけるのは至難の業です。
　ところが、年に何度か集中的に現われる流星群の時期があります。このタイミングに合わせて観察をすると容易に流れ星を見ることができます。流星群の代表的なものが8月中旬に起こるペルセウス座流星群、12月中旬に起こるふたご座流星群です。流星群を見るのに特別な道具は不要です。その気になれば誰でも体験できる現象なのです。流星群が活動する時期の晴れた晩、空が広く見える場所で流星を待てばいいのです。このとき、出現する時間帯にもご注意ください。多くの流星群は、夜中過ぎに現われます。

ペルセウス座流星群　毎年8月11日〜14日ころに活動が活発になる流星群で、1時間におおよそ50個程度の流星が見られ、明るい流星が多いのも特徴です。12月のふたご座流星群とともに代表的な流星群です。

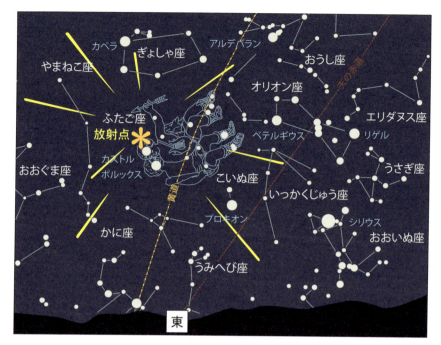

ふたご座流星群の放射点（輻射点） ふたご座流星群の放射点はふたご座の2等星カストルのすぐ近くです。流星は放射点から離れるほど長く見えます。ふたご座流星群といってもふたご座にのみ流星が流れるわけではないので、なるべく空の広い範囲を見るようにしましょう。

現われるまで待とう、流れ星

　流星（流れ星）は一瞬の現象です。どのように見えるかは、文字どおり「星が流れる」現象としかとらえようがありません。また、ピンポイントでいつ現われるかがわからない現象です。

　日月食などは1秒と狂わず正確な予報ができます。流星群の突発的な活動状況の予報はできるようになっていますが、個々の流星の予報はできません。なぜなら、流れ星のもとになる微小天体が見えないからです。

　無数にある微小天体は太陽中心に公転していますが、その一部が偶然、地球と衝突することがあります。地球に飛び込んだ微小天体は地上100kmくらいの大気中で燃え尽き、その瞬間に輝きます。その光を見た私たちは「あっ！　流れ星！」と声を上げるわけです。その後の微小天体は姿を変え、地上

おもな流星群

流星群名	流星出現期間	極大	1時間あたりの流星数	放射点が見える時間帯
しぶんぎ座流星群	1月1日〜1月7日ごろ	1月4日	40	未明から明け方
ペルセウス座流星群	7月17日〜8月24日ごろ	8月13日	50	未明から明け方
オリオン座流星群	10月2日〜10月30日ごろ	10月21日	40	未明から明け方
しし座流星群	11月10日〜11月25日ごろ	11月18日	10	未明から明け方
ふたご座流星群	12月5日〜12月20日ごろ	12月14日	80	一晩中

に落ちて地球の物質になります。この微小天体の正体は、彗星から飛び出した物質と考えられています。彗星は45億年以上もの間、太陽の周りを回り続けています。太陽に接近し、熱などの影響を受けて彗星の一部が破壊されます。その破片が流星の素となる微小天体となり、同じく太陽を回り続けます。それが縁あって地球と衝突し、流星を経て地球物質になるわけです。このドラマチックな運命を知っているだけで、さらに興味関心が増してくること間違いなしです。

　場所選びとしては、なるべく障害物のない、まわりが見渡せる場所を選びましょう。

　流星を見るために夜空を見上げていると、10分も経てば首が痛くなります。それを避けるには、アウトドア用品店などで販売されているグランドシートを広げ、毛布や寝袋に包まり、寝転がって見るのが一番です。場所としては街灯などの光が直接当たらず、視界が広く取れる場所がベストです。あわせて、危機管理の対策をとることも忘れないようにしましょう。

　流星はいろいろな明るさがあり、暗いものほどその数が増します。ですから、夜空が暗い観測地で、月明りがない時期ほど多くの流星が見られます。天の川が見られる夜空なら申し分ありません。

　流星群が出現するときは、1等級や2等級の流れ星も含まれますので、街灯りが多少ある中でも案外見えるものです。したがって、もし流星群の活動時期に暗い夜空を求めて遠征する時間がなければ、その時期に合わせて近所で見る計画を立てる方がお勧めです。要は、流星群が現われるときに夜空を見上げることがもっとも大事なことです。

彗星

　長い尾を引いて夜空に現われる神秘的な彗星。どこからともなく現われ、星座の星ぼしの間を動いていき、やがて消えていきます。その様子は、まるで星空を旅する旅人のようです。

　彗星も惑星同様に太陽の周りをまわっていますが、彗星のほとんどは細長く伸びた楕円軌道です。このため太陽にもっとも近づくときには、地球の軌道の内側に入り込むこともあります。彗星の本体である核は、氷やチリのかたまりで「汚れた雪だるま」のようだといわれています。

　彗星が太陽に近づくにつれ、この彗星の核が太陽にあぶられて蒸発が激しくなるので、彗星は明るさを増し、尾も長く伸びるようになります。そしてふたたび太陽から遠ざかると蒸発がおさまり、明るさもしだいに暗くなり、尾も短くなっていきます。

　1年間におよそ100個近くの彗星の発見や観測がされていますが、肉眼でもはっきり尾が見えるような明るい彗星は、10年に一度の頻度くらいでしか現われません。彗星を見逃さないためにも、最新の天文情報を常に調べて、彗星を見るチャンスを逃さないようにしておきましょう。

ハレー彗星
前回の回帰で見られた1986年のハレー彗星の様子です。このときは南半球でハレー彗星が良く見えました。次回、ハレー彗星が地球にもどってくるのは2061年7月下旬です。明るさは0等級と明るく、北半球では長い尾を引く姿が見られると予想されています。

おわりに

　星の話をすることの原動力となるものは、話を聞いてくれた方の嬉しそうな表情、子どもたちのキラキラした目が見られることです。星の話をするうえで大事なことは、最後に「楽しかった」と思ってもらえるかどうか、だと私は思っています。その中に1つでもよいから天文の話をはさみ、それを理解してもらえたとき、話をした私も嬉しさを感じます。これこそが、プラネタリウム解説者としての醍醐味だと思います。

　私は、いくつかのプラネタリウム館を渡り歩き、現在は"モバイルプラネタリウム"で星の話をしており、プラネタリウム館へ行きたくなるような人を育てる事が私の仕事と思っています。ロケットやブラックホールなど、キーワード的に出てくる宇宙への興味は今も昔も少しも変わらず高いものがあります。ところが、最も身近な月や星空への興味が極めて希薄になっていることを常々感じています。

　2011年の5月の連休中に東北地方へボランティアで星の話をする計画を練りました。東日本大震災で甚大な被災を受けた方に、気分転換や心の解放ができる場を提供できると信じたからです。知り合いなどを頼りに会場の設定をお願いし、結果的には複数の場所で実施できました。そのときに、宮城県南三陸町のある初老の方の一言が私に大きな自信を持たせてくれました。「今まで、ずっと下を向いて歩いていたけど、今夜は上を見てみるよ」

　星空を見上げることは、人間にとって大きな意味があると思っています。ふと見上げた空に輝く星があれば、何だろうと思うのは自然なことです。それが何かわかったとき、うれしい気持ちになり、さらにもっと深く知りたくなる人もいます。そのきっかけ作りに関われたら、どんなにすてきなことでしょう。

　多くの方が星を楽しむために、この本が少しでも参考になれば幸いです。

2017年8月　木村直人

木村直人（きむら なおと）

1956年、神奈川県生まれ。元・天文博物館五島プラネタリウム解説員。同館に20年間勤務した後、いくつかの科学館解説員を経て、2008年に独立。エアドームのプラネタリウムを持って、全国で星空案内を行なう「星空の宅配便 東京モバイルプラネタリウム」として活躍中。『星空のひみつ 星と仲良くなるキャンプ（もっと楽しく夜空の話）』『月の満ち欠けのひみつ』、いずれも子どもの未来社刊の監修・共著として、星空観察図鑑等の執筆多数。ニックネームは"ひげじい木村"。

プラネタリウム名解説者が教えてくれる

新版 よくわかる星空案内

2017年9月14日 発行　　NDC440

著　者	木村直人
発行者	小川雄一
発行所	株式会社 誠文堂新光社
	〒113-0033　東京都文京区本郷3-3-11
	（編集）電話 03-5805-7761
	（販売）電話 03-5800-5780
	http://www.seibundo-shinkosha.net/
印刷所	株式会社 大熊整美堂
製本所	和光堂 株式会社

©Naoto Kimura.
Printed in Japan
（本書掲載記事の無断転用を禁じます）
検印省略

本書のコピー、スキャン、デジタル化等の無断複製は、著作権法上での例外を除き禁じられています。本書を代行業者等の第三者に依頼してスキャンやデジタル化することは、たとえ個人や家庭内での利用であっても著作権法上認められません。

JCOPY〈(社)出版者著作権管理機構 委託出版物〉
本書を無断で複製複写（コピー）することは、著作権法上での例外を除き、禁じられています。本書をコピーされる場合は、そのつど事前に、(社)出版者著作権管理機構（電話 03-3513-6969/FAX 03-3513-6979/e-mail:info@jcopy.or.jp）の許諾を得てください。

ISBN978-4-416-71742-4

装丁・デザイン
草薙伸行（Planet Plan Design Works）

カバーイラスト
大橋昭一

図版
和泉奈津子、プラスアルファ

協力
藤井 旭、渡辺和郎、西條善弘、中西昭雄、及川聖彦、榎本 司